Die Angaben in diesem Buch sind vom Verlag sorgfältig erwogen und geprüft, dennoch kann keine Garantie übernommen werden. Eine Haftung des Verlags und seiner Beauftragten für Personen-, Sach- und Vermögensschäden ist ausgeschlossen.

Bibliografische Information der Deutschen Nationalbibliothek
Die Deutsche Nationalbibliothek verzeichnet diese Publikation in der Deutschen Nationalbibliografie; detaillierte bibliografische Daten sind im Internet über http://dnb.de abrufbar.

9., aktualisierte Auflage

www.quelle-meyer.de

Druck und Verarbeitung: TZ Verlag & Print GmbH
Printed in Germany/Imprimé en Allemagne
ISBN 978-3-494-02275-8

BLASE

Prüfungsfragen und Antworten zur Jägerprüfung

9., aktualisierte Auflage

1 Auf welche Flächeneinheit wird beim Schalenwild in der Regel die Wilddichte bezogen?

- ❒ A 100 ha
- ❒ B 500 ha
- ❒ C 1000 ha

2 Die Begrenzung der Schwarzwildbestände verlangt auch einen selektiven Bachenabschuss. Was ist dabei zu beachten?

- ❒ A Es dürfen keine Stücke über 50 kg erlegt werden.
- ❒ B Leitbachen und führende Bachen mit gestreiften Frischlingen sind zu schonen.
- ❒ C Es dürfen nur Geltbachen erlegt werden.

3 Für welche Schalenwildart ist außer in Jagdgattern kein Abschussplan aufzustellen?

- ❒ A Muffelwild
- ❒ B Sikawild
- ❒ C Schwarzwild

4 Für welche Wildarten sind Ackerränder wichtig?

- ❒ A Rebhühner
- ❒ B Hasen
- ❒ C Fasanen

5 Für welche Wildarten sind Hecken und Feldgehölze von besonderer Bedeutung?

- ❒ A Raubwild
- ❒ B Vögel
- ❒ C Hasen und Kaninchen

6 Gehört die Saatkrähe zu den Rabenvogelarten, die für Singvogelnester und für junges Niederwild eine empfindliche Gefährdung darstellen?

- ❒ A ja
- ❒ B nein
- ❒ C nur im Winter

7 In welcher Zeit ist der Nahrungsbedarf der Wiederkäuer am höchsten?

- ❒ A vor und nach dem Setzen
- ❒ B in der Zeit des Geweihwachstums
- ❒ C im Winter

8 Sie wollen für die Winterfütterung des Rotwildes Grassilage herstellen. Wie muss das gemähte Gras beim Einfahren in das Silo beschaffen sein?

- ❒ A tropfnass
- ❒ B angewelkt
- ❒ C heutrocken

9 Von welchen Faktoren wird der Nachwuchs beim Hasen in der Regel primär beeinflusst?

- ❒ A Witterung
- ❒ B Straßenverkehr
- ❒ C landwirtschaftliche Maschinen

10 Wann ist der Straßenverkehr durch Schalenwild besonders gefährdet?

- ❒ A Brunft- und Blattzeit
- ❒ B Morgen- und Abenddämmerung
- ❒ C Frühling

11 Wann liegt eine Übernutzung des Wildbestandes vor?

- ❒ A Die Ernte ist höher als der Zuwachs.
- ❒ B Der Zuwachs ist höher als die Ernte.
- ❒ C Die Jagdzeit wird nicht beachtet.

12 Was bedeutet das Wort „Reduktionsabschuss"?

- ❒ A Abschuss zum Ende des Jagdjahres
- ❒ B Abschuss über den Zuwachs hinaus
- ❒ C finaler Todesschuss

13 Was ist der Rosenstock beim Geweihträger?

- ❒ A die Duftdrüse zwischen dem Geweih
- ❒ B ein knöcherner Stirnzapfen
- ❒ C die Geweihkrone

14 Was ist ein sicherer Grundsatz der weidgerechten Jagdausübung?

- ❒ A schnelles Schießen und sicheres Ansprechen des erlegten Wildes
- ❒ B sichere Beherrschung der Weidmannssprache
- ❒ C genaues Ansprechen des Wildes vor dem Schuss

15 Was ist eine Stocksulze?

- ❒ A eine Salzlecke
- ❒ B ein Geschwür
- ❒ C eine sumpfige Bodenvertiefung

16 Welche Mindestgröße sollte eine Wildäsungsfläche haben?

- ❒ A 0,1 bis 0,5 ha
- ❒ B 1 ha
- ❒ C 5 ha

17 Was kann Hasen als Futter gereicht werden?

- ❒ A Proßholzzweige
- ❒ B Gemüseabfälle
- ❒ C Kleeheu

18 Was sind Cerviden?

- ❒ A Hirschartige
- ❒ B Marderartige
- ❒ C Horntragende

19 Was sind die Hauptäsungspflanzen des Rebhuhns?

- ❒ A Weizen und Roggen
- ❒ B Ackerunkräuter
- ❒ C Lupine und Esparsette

20 Was sind die wichtigsten Maßnahmen für eine langfristige Niederwildhege?

- ❒ A ganzjährige Fütterung
- ❒ B Biotopgestaltung und Raubwildbejagung
- ❒ C absolutes Bejagungsverbot

21. Was versteht man unter „Kunden“ bei der Cerviden?

- ❐ A Jäger, die es mit den Gesetzen nicht so genau nehmen
- ❐ B dunkel gefärbte Furchen auf den Molaren
- ❐ C Käufer von Wildbret

22. Was versteht man unter Proßholz?

- ❐ A eingeschlagener Stamm von 2 m Höhe mit einem Salzleckstein
- ❐ B vermodertes und faulendes Holz zur Humusbildung
- ❐ C eingeschlagene Zweige und Triebe von Bäumen und Sträuchern zur Äsung

23. Welche Federwildart nimmt im Winter Fichtennadeln auf?

- ❐ A Fasan
- ❐ B Haselhuhn
- ❐ C Auerwild

24. Welche Federwildart nimmt vornehmlich Salzlecken an?

- ❐ A Fasan
- ❐ B Rebhuhn
- ❐ C Ringeltaube

25. Welche Futtermittel sind für die Fütterung des Fasans geeignet?

- ❐ A Getreide, Mais
- ❐ B Topinambur
- ❐ C Druschabfall

26. Welche in der Landwirtschaft verwendeten Hülsenfruchtarten (Leguminosen) sind auch für den Anbau auf Wildäckern geeignet?

- ❐ A Bohnen
- ❐ B Felderbsen
- ❐ C Hirse

27. Welche Landschaft ist für eine erfolgreiche Hasenhege von Vorteil?

- ❐ A möglichst abwechslungsreiche Feldflächen
- ❐ B große, möglichst ebene Maisflächen
- ❐ C viele Hecken und Feldböschungen

28. Welche Maßnahmen dienen der Entenhege?

- ❐ A Anlage von Remisen
- ❐ B Anlage von Wildackern
- ❐ C Anbringen von Brutkörben

29. Welche Maßnahmen dienen der Lebensraumberuhigung?

- ❐ A Ruhezonen
- ❐ B Besucherlenkung
- ❐ C Wegegebote

30. Welche Maßnahmen sind für eine erfolgreiche Rebhuhnhege von Vorteil?

- ❐ A Nichtspritzen von Ackerrandstreifen
- ❐ B Erhalten von Moorflächen
- ❐ C Neuanlegen von Hecken in der offenen Flur

31. Welche Örtlichkeiten sind für eine Rebhuhnschüttung besonders geeignet?

- ❐ A eine Hecke im freien Feld
- ❐ B ein Platz in einem Feldgehölz mit hohen Bäumen
- ❐ C ein Platz mitten in einer Fichtendickung

32. Welche Pflanze eignet sich hervorragend zur Laubheugewinnung?

- ❐ A Brombeere
- ❐ B Heidelbeere
- ❐ C Himbeere

33. Welche Tierarten nehmen mit besonderer Vorliebe Eier auf?

- ❐ A Rabenvögel
- ❐ B Wanderratte
- ❐ C Marder

34. Welche Ursache führt zur schnellen Ausbreitung einer Wildseuche?

- ❐ A überhöhte Wilddichte
- ❐ B unweidgerechte Bejagung
- ❐ C fehlende Medikamente in den Winterfuttergaben

35. Welche Wilddichte pro 100 ha soll beim Rotwild in der Regel nicht überschritten werden?

- ❐ A 2 Stück
- ❐ B 6 Stück
- ❐ C 10 Stück

36. Welchen Bedarf an Saftfutter hat ein Reh pro Tag bei der Winterfütterung?

- ❐ A 1 - 2 kg
- ❐ B 3 - 5 kg
- ❐ C 1/4 - 1/2 kg

37. Welcher rabenartige Vogel ist für das Niederwild am schädlichsten?

- ❐ A Nebelkrähe
- ❐ B Saatkrähe
- ❐ C Rabenkrähe

38. Welches Geschlechterverhältnis ist bei den Schalenwildarten anzustreben?

- ❐ A 1 : 2
- ❐ B 1 : 3
- ❐ C 1 : 1

39. Welches Kitz von Zwillingskitzen soll vorrangig erlegt werden?

- ❐ A das weibliche Kitz
- ❐ B das männliche Kitz
- ❐ C das schwächste Kitz

40. Welches Rebhuhn soll beim Aufstehen der Kette nicht beschossen werden?

- ❐ A das zuerst aufstehende Huhn
- ❐ B das zuletzt aufstehende Huhn
- ❐ C das am Flügel aufstehende Huhn

41. Welches Saftfuttermittel eignet sich zur Winterfütterung des Schalenwildes?

- ❒ A Silage
- ❒ B Kartoffeln
- ❒ C Rüben

42. Wie erfolgt in der Regel die Begattung beim Federwild?

- ❒ A mit dem Begattungsglied
- ❒ B durch Aufeinanderpressen der Bürzeldrüsen
- ❒ C durch Aufeinanderpressen der Kloaken

43. Wie gewöhnt man Schwarzwild an einen Malbaum?

- ❒ A durch Bestreichen mit Losung
- ❒ B durch Fütterung am Baum
- ❒ C durch Bestreichen mit Buchenteer

44. Wie hoch ist der Bedarf an Silage für ein Stück Rotwild bei intensiver Fütterung über 120 Tage?

- ❒ A 100 kg
- ❒ B 300 kg
- ❒ C 500 kg und mehr

45. Wie hoch ist die durchschnittliche Zuwachsrate, bezogen auf die Zahl des am 1. April vorhandenen weiblichen Bestandes, beim Rehwild?

- ❒ A 40 %
- ❒ B 65 %
- ❒ C 80 bis 100 %

46. Wie sehen von Rabenkrähen aufgehackte Eier in der Regel aus?

- ❒ A am stumpfen Pol aufgehackt
- ❒ B an beiden Polen aufgehackt
- ❒ C in der Mitte aufgehackt

47. Wo nehmen Wildenten am besten Körnerfutter und Eicheln auf?

- ❒ A in Flachwasserbereichen
- ❒ B an geschlossenen Alleen
- ❒ C in der Feldflur

48. Womit ist das Kirren auf Schwarzwild verboten?

- ❒ A Küchenabfälle, Fleisch
- ❒ B Mais
- ❒ C Fallobst

49. Woran kann man das Bockkitz vom Rickenkitz sicher unterscheiden?

- ❒ A an der Art des Nässens
- ❒ B an der Kopfform
- ❒ C an der Größe

50. Worin besteht der Unterschied einer Schwarzwildfährte zur Rotwildfährte?

- ❒ A im sichtbaren Geäfterabdruck
- ❒ B in der Höhe des Burgstalls
- ❒ C in der zu messenden Schalenlänge in mm

51 Zu welcher Tageszeit setzt man zweckmäßigerweise Fasanen aus?

- ❒ A tagsüber
- ❒ B abends
- ❒ C morgens

52 Zu welcher Krankheitsgruppe gehört die Myxomatose?

- ❒ A zu den parasitären Krankheiten
- ❒ B zu den Viruskrankheiten
- ❒ C zu den bakteriellen Krankheiten

53 Bei Beobachtung welcher Erscheinung am frisch erlegten Wild hat in jedem Fall eine Erkrankung vorgelegen?

- ❒ A starke Blutfüllung der Brandadern
- ❒ B Äsungsbestandteile in der Luftröhre
- ❒ C knotige Durchsetzung der Leber mit gelblichen Knoten

54 Bei Schalenwild sind Eiterherde an Lunge, Lympfknoten, Leber, Nieren und Knochen Hinweis auf:

- ❒ A Tollwut
- ❒ B Rotlauf
- ❒ C Tuberkulose

55 In welchem Organ findet man Bandwürmer?

- ❒ A im Zwerchfell
- ❒ B in der Lunge
- ❒ C im Darm

56 In welchem Organ schmarotzen die Kokzidien?

- ❒ A Magen
- ❒ B Dünndarm
- ❒ C Lunge

57 Ist die Nagerpest (Tularämie) auch auf den Menschen übertragbar?

- ❒ A ja
- ❒ B nein
- ❒ C

58 Ist die Afrikanische Schweinepest (ASP) auf den Jagdhund übertragbar?

- ❒ A nein
- ❒ B ja, nach dem neuesten Stand der Veterinärmedizin
- ❒ C nur in Ausnahmefällen

59 Kann sich der Mensch mit Brucellose infizieren?

- ❒ A ja (Wellenfieber, Leberschwellung)
- ❒ B nein
- ❒ C ja (Herzversagen, Krämpfe)

60 Warum ist die Aufklärung der Bevölkerung über Wildkrankheiten notwendig?

- ❒ A weil es zum Allgemeinwissen gehört
- ❒ B weil beim Kontakt mit kranken Wildtieren Gefahren für den Menschen bestehen
- ❒ C weil es die Lebensmittelgesetzgebung fordert

61 Was ist die Salmonellose?

- ❐ A eine bakterielle Erkrankung, besonders bei Wassergeflügel
- ❐ B eine Viruskrankheit bei Hühnervögeln
- ❐ C eine Pilzerkrankung

62 Was ist die Schweinepest?

- ❐ A eine anzeigepflichtige Wildseuche
- ❐ B eine parasitäre Erkrankung
- ❐ C eine bakterielle Erkrankung

63 Was sind Kokzidien

- ❐ A Viren
- ❐ B Bakterien
- ❐ C Endoparasiten

64 Was versteht man unter Botulismus?

- ❐ A Vergiftung von Wasservögeln durch ein Bakterium
- ❐ B Fressen der eigenen Jungen
- ❐ C Übertragung von Krankheiten durch Tiere auf Menschen

65 Was versteht man unter einem Parvovirus?

- ❐ A ein saurierähnliches Tier der Urzeit
- ❐ B ein Desinfektionsmittel gegen Verschleppung von Viruskrankheiten
- ❐ C eine hoch ansteckende und akut verlaufende Infektionskrankheit von Hunden

66 Was weist beim Schalenwild auf Maul- und Klauenseuche hin?

- ❐ A Blasen und Geschwüre am Äser, Lecker und Schalensaum
- ❐ B keine Fluchtdistanz, Angriffslust
- ❐ C Meidung von Dickungen und Stangenhölzern

67 Welche Bedeutung haben Lymphknoten?

- ❐ A Sie unterstützen das pulmologische System.
- ❐ B Sie sind Filterorgane der Lymphbahnen.
- ❐ C Sie dienen der Abwehr von Erregern und Gift.

68 Welche der folgenden Krankheiten sind vom Wild oder Wildbret auf den Menschen übertragbar?

- ❐ A Afrikanische Schweinepest
- ❐ B Tularämie (Hasenpest)
- ❐ C Tuberkulose

69 Welche Erkrankung des Wildes sollte der Jäger selbst erkennen?

- ❐ A Leberegel und Lungenwurm
- ❐ B Salmonellose
- ❐ C Trichinenbefall

70 Welche Erkrankung kann durch den Verzehr von rohem Wildbret entstehen?

- ❐ A Spulwurmbefall
- ❐ B Lungenwurmerkrankung
- ❐ C Bandwurmbefall

71 Welche Krankheit ist nach dem Tiergesundheitsgesetz anzeigepflichtig?

- ❐ A Kokzidiose
- ❐ B Schweinepest
- ❐ C Strahlenpilzerkrankung

72 Welche Krankheit wird durch Viren verursacht?

- ❐ A Schwarzkopfkrankheit
- ❐ B Tuberkulose
- ❐ C Tollwut

73 Welche Tiere werden von der Parvovirose befallen?

- ❐ A Rebhühner und Fasanen
- ❐ B Hasen und Wildkaninchen
- ❐ C Hunde und Katzen

74 Welche Wildart kann durch Räudemilben befallen werden?

- ❐ A Gamswild
- ❐ B Wildkaninchen
- ❐ C Fuchs

75 Welche Wildarten werden nicht von der Myxomatose befallen?

- ❐ A Fasan
- ❐ B Wildkaninchen
- ❐ C Schwarzwild

76 Welche Wildarten werden vom Großen Lungenwurm befallen?

- ❐ A Wasserfederwild
- ❐ B Fasanen
- ❐ C Schalenwild außer Schwarzwild

77 Welche Wildarten werden von der Kokzidiose befallen?

- ❐ A Hase
- ❐ B Fasan
- ❐ C Kaninchen

78 Welche Wildkrankheiten sind beim Amtstierarzt meldepflichtig?

- ❐ A Tollwut, Schweinepest
- ❐ B Lungenwürmer, Magen- und Darmwürmer
- ❐ C starker Haut- und Rachendasselbefall

79 Welchen Zwischenwirt haben die Kokzidien?

- ❐ A keinen
- ❐ B Regenwürmer
- ❐ C Mücken

80 Welchen Zwischenwirt hat der große Leberegel?

- ❐ A Zwergschlammschnecke
- ❐ B Regenwurm
- ❐ C Landschnecke

81 Welcher Außenparasit des Schalenwildes kann dem Menschen gefährlich werden?

- ❒ A Hirschlaus
- ❒ B Rachenbremse
- ❒ C Zecke

82 Welcher Außenparasit verursacht die Räude?

- ❒ A Grabmilben
- ❒ B Zecken
- ❒ C Hautdasseln

83 Welcher Parasit hat als Zwischenwirt Regenwürmer?

- ❒ A Leberegel
- ❒ B Rachenbremse
- ❒ C Lungenwurm des Schwarzwildes

84 Was ist die Ursache für hohe Kükenverluste bei Federwild?

- ❒ A der Große Lungenwurm
- ❒ B Schlechte Versorgung der Küken mit tierischer Nahrung (Insekten) während der Aufzucht.
- ❒ C Nasskalte Witterung

85 Welcher Parasit kann die Encephalitis auf den Menschen übertragen?

- ❒ A der Kleine Fuchsbandwurm
- ❒ B die Zecke
- ❒ C der Tollwutvirus

86 Welches Organ ist beim Vorliegen von Brucellose besonders vergrößert?

- ❒ A Herz
- ❒ B Nieren
- ❒ C Milz

87 Wer ist bei Verdacht auf Wildtierseuchen zur Meldung verpflichtet?

- ❒ A der Jagdleiter
- ❒ B jeder Jäger
- ❒ C der Vorsitzende der Hegegemeinschaft

88 Wer ist der Zwischenwirt des Kleinen Leberegels?

- ❒ A Rotwild
- ❒ B Eichhörnchen
- ❒ C Landschnecke und Ameise

89 Wer ist für die Trichinenschau bei einem Stück Schwarzwild verantwortlich, das keine bedenklichen Merkmale aufweist und das an eine Gaststätte abgegeben werden soll?

- ❒ A der Erleger
- ❒ B der Jagdausübungsberechtigte
- ❒ C der Erwerber

90 Wie gelangen die Larven der Dasselfliege in den Wildkörper?

- ❒ A Sie werden mit der Äsung aufgenommen.
- ❒ B Sie werden durch Berührung mit anderen Tieren übertragen.
- ❒ C Sie bohren sich in die Decke ein.

91 Wie gelangen die Rachendassellarven in den Rachenraum des Rehwildes?

- ❒ A durch die Äsung
- ❒ B Die Rachenbremse spritzt die Dassellarven in den Windfang.
- ❒ C durch das Widerkäuen

92 Wie wird verendet gefundenes Schwarzwild versorgt bei Verdacht auf Afrikanische Schweinepest (ASP)?

- ❒ A sofort 1 m tief vergraben
- ❒ B Nicht berühren und sofort den zuständigen Amtstierarzt informieren.
- ❒ C aufbrechen und dem nächsten Tierarzt vorzeigen

93 Wo können beim erlegten Stück Schalenwild Lungenwürmer festgestellt werden?

- ❒ A in der Luftröhre, den Lungenästen und im Lungengewebe
- ❒ B in der Drossel und im Rachenraum
- ❒ C Lungenwürmer sind mit bloßen Auge nicht feststellbar

94 Wodurch wird die Gamsräude hervorgerufen?

- ❒ A durch Pilze
- ❒ B durch Milben
- ❒ C durch Viren

95 Wodurch wird Myxomatose ausgelöst?

- ❒ A durch Viren
- ❒ B durch Bakterien
- ❒ C durch Pilze

96 Zu welcher Gruppe von Schmarotzern gehören Leberegel?

- ❒ A zu den Bandwürmern
- ❒ B zu den Saugwürmern
- ❒ C zu den Rundwürmern

97 Welche der folgenden Aussagen ist richtig?

- ❒ A Endoparasiten sind Schmarotzer, die im Innern des Körpers residieren.
- ❒ B Endoparasiten befallen nur Nase, Ohren, Augen und Mund.
- ❒ C zu den Endoparasiten zählen Holzböcke, Haarlinge und Hirschlausfliegen.

98 Kann die Vogelgrippe von Haushühnern auf Fasane übertragen werden?

- ❒ A ja
- ❒ B nein
- ❒ C es gibt keine Hühnerpest

99 Welche Niederwildart kann an Pocken erkranken?

- ❒ A Rehwild
- ❒ B Hasen
- ❒ C Fasanen

100 Welche Vogelart wird gern vom Rotwurm befallen?

- ❒ A Auerwild
- ❒ B Fasan
- ❒ C Stockente

101 Bei welchen Wild kann Räude seuchenhaftes Ausmaß annehmen?

- ❒ A Fuchs
- ❒ B Gamswild
- ❒ C Muffelwild

102 Der fünfgliedrige Bandwurm des Fuchses benötigt zu seiner Entwicklung einen Zwischenwirt. Welche Tierart ist dafür geeignet?

- ❒ A rote Waldameise
- ❒ B Zwergschlammschnecke
- ❒ C Feldmaus

103 Welche Teile des Schwarzwildes werden zur Untersuchung auf Trichinen verwendet?

- ❒ A Rippenknochen
- ❒ B Muskulatur des Zwerchfellpfeilers
- ❒ C Schwarte

104 An welchen inneren Organen lässt sich beim Federwild sehr oft eine Krankheit erkennen?

- ❒ A Herz
- ❒ B Leber
- ❒ C Niere

105 Durch welche Krankheit wird der Bestand des Gamswildes besonders gefährdet?

- ❒ A Gamsräude
- ❒ B Tollwut
- ❒ C Myxomatose

106 Auf welche Krankheit können vergrößerte Hoden der Feldhasen hindeuten?

- ❒ A Brucellose
- ❒ B Aktionomykose
- ❒ C Kokzidiose

107 Durch welche Krankheit erleidet der Hasenbesatz die größten Einbußen?

- ❒ A Kokzidiose
- ❒ B Myxomatose
- ❒ C Leberegel

108 Ist Wildbret brucelloseerkrankter Hasen genusstauglich?

- ❒ A nein
- ❒ B unbedenklich
- ❒ C nur nach entsprechender Behandlung

109 Wodurch erfolgt die Infektion des Hasen mit Kokzidien?

- ❒ A direkte Übertragung von Tier zu Tier durch Kontakt
- ❒ B Aufnahme der Erreger mit der Äsung
- ❒ C Gülleausbringung

110 Woran erkennen Sie, dass ein Hase an Kokzidiose erkrankt ist?

- ❒ A Abmagerung
- ❒ B blutiges Waidloch
- ❒ C schwere Genitalerkrankung

111 Woran erkennt man, dass Hasen an Brucellose erkrankt sind?

- ❒ A an Abmagerung und Schwellung der äußeren Geschlechtsorgane
- ❒ B Darm
- ❒ C Augen

112 Welche Krankheit kommt praktisch nur beim Wildkaninchen vor.

- ❒ A Myxomatose
- ❒ B Kokzidiose
- ❒ C Pasteurellose

113 An welchen Merkmalen ist die Myxomatose zu erkennen?

- ❒ A an den geschwollenen, eitrigen Sehern
- ❒ B an dem aufgeblähten Bauch
- ❒ C an blutigem Ausfluss aus der Nase

114 Was hat mit einem Wildkaninchen zu geschehen, bei dem Sie Eiterherde und Geschwülste feststellen?

- ❒ A der Fleischuntersuchung zuführen
- ❒ B abbalgen und verwerten
- ❒ C unschädlich beseitigen

115 Auf welche Erkrankung deutet ein verschmutzter Spiegel beim Rehwild hin?

- ❒ A Befall mit Rachenbremsen
- ❒ B Befall mit Leberegel
- ❒ C Befall mit Magen-Darm-Würmern

116 Bei welcher Geweih-Abnormität kann der Rehbock sein Geweih nicht mehr abwerfen?

- ❒ A Perückengehörn
- ❒ B Frostgeweih
- ❒ C Verkümmerung der Stangen

117 Beim Aufbrechen eines Rehbockes finden Sie zahlreiche Geschwüre in der Leber und Lunge. Wie ist das Stück zu behandeln?

- ❒ A Es ist unschädlich zu beseitigen.
- ❒ B Das Stück ist genussuntauglich
- ❒ C Es kann bedenkenlos dem Handel zugeführt werden.

118 Beim Aus-der-Decke-Schlagen eines Stücks Schalenwild stellen Sie Löcher in der Decke fest. Worum handelt es sich hierbei?

- ❒ A Brucellose
- ❒ B Salmonellen
- ❒ C Dassellarvenbefall

119 Rehe leiden nicht selten unter einem Befall mit Rachendasseln (Rachenbremsenlarven). Welche der nachfolgenden Aussagen sind richtig?

- ❒ A Bei den Rachendasseln handelt es sich um das Larvenstadium einer Fliege.
- ❒ B Die Fliege schleudert im Vorbeiflug die Larven in den Windfang des Rehes.
- ❒ C Die Eier werden mit der Äsung aufgenommen.

120 Sie finden beim Aufbrechen des Rehes an einem Organ eine hühnereigroße mit Flüssigkeit gefüllte Blase. Um was handelt es sich dabei?

- ❒ A Trichinose
- ❒ B Bandwurmbefall (Finnen)
- ❒ C Hirnhautentzündung

121 Sie sehen im Mai einen Rehbock, der häufig hustet und mit dem Haupt schüttelt. Auf welche Erkrankung lassen diese Symptome schließen?

- ❒ A Befall mit Rachenbremsen
- ❒ B Befall mit Leberegel
- ❒ C Befall mit Magen-Darm-Würmern

122 Wann sind die Larven der Hautdasselfliege in der Regel unter der Decke sichtbar?

- ❒ A Juli/August
- ❒ B Dezember/Januar
- ❒ C März/April

123 Welche Parasiten verursachen beim Rehwild die meisten Fallwildverluste?

- ❒ A Dassellarven
- ❒ B Magen-Darm-Würmer
- ❒ C Haarlinge

124 Bei welcher Wildart kann die Kreuzlähme verstärkt auftreten?

- ❒ A Damwild
- ❒ B Gamswild
- ❒ C Rotwild

125 Auf welche Erkrankung deuten im Revier gefundene Schwarzwildkadaver hin?

- ❒ A Maul- und Klauenseuche
- ❒ B Klassische oder Afrikanische Schweinepest (KSP, ASP)
- ❒ C Trichinose

126 Besonders Frischlinge werden von einem Parasiten befallen, dessen Zwischenwirt der Regenwurm ist. Befallene Frischlinge sind am zurückgebliebenen Wachstum und am Husten zu erkennen. Um welche Krankheit handelt es sich?

- ❒ A Befall mit großem Leberegel
- ❒ B Brucellose
- ❒ C Befall mit Lungenwürmern

127 Darf das „Kleine Jägerrecht" vom Schwarzwild vor der Trichinenschau im eigenen Haushalt verbraucht werden?

- ❒ A nein
- ❒ B ja, nach 24stündigem Garen
- ❒ C ja, nach ausreichendem Garen

128 Solange die Untersuchung auf Trichinen noch nicht abgeschlossen ist, ...

- ❒ A darf der Erleger das Wild nicht verkaufen.
- ❒ B sollten alle Organe im Wildkörper verbleiben.
- ❒ C darf das Wild nicht zerlegt werden.

129 Welche akute Gefahr besteht beim unzulässigen Verfüttern von Küchen- und Speiseabfällen an Schwarzwild?

- ❒ A Infektion mit Schweinepesterregern (Klassische oder Afrikanische Schweinepest)
- ❒ B Infektion mit Tuberkuloseerregern
- ❒ C Infektion mit Grabmilben

130 Welche heimische Wildarten können Trichinenträger sein?

- ❒ A Schwarzwild
- ❒ B Rotwild
- ❒ C Dachs

131 Welche Schalenwildart wird nicht von Haut- und Rachendasseln befallen?

- ❐ A Schwarzwild
- ❐ B Rehwild
- ❐ C Rotwild

132 Wie verhält sich ein von der Schweinepest (KSP, ASP) befallenes Stück Schwarzwild?

- ❐ A hat einen Drang zum Wasser
- ❐ B wirkt abgekommen
- ❐ C verklebte Lichter

133 Wie können junge Bäume vor Nageschäden durch Wildkaninchen geschützt werden?

- ❐ A durch Anbringen von Drahthosen
- ❐ B durch Hobeln der Rinde
- ❐ C durch Grüneinband

134 Eine Buchenkultur soll gegen Wildkaninchen eingezäunt werden. Wie groß darf die maximale Maschenweite sein ?

- ❐ A 10 cm
- ❐ B 70 mm
- ❐ C 40 mm

135 An welcher Feldfrucht wirkt sich der Wildschaden am stärksten aus, wenn Schwarzwild auf der Suche nach Fraß umbricht?

- ❐ A Wiesen
- ❐ B Sommerraps
- ❐ C Mais

136 Auf welchen Hackfruchtfeldern verursacht Schwarzwild bevorzugt gravierende Schäden?

- ❐ A Zuckerrübenfelder
- ❐ B Futterrübenfelder
- ❐ C Kartoffelfelder

137 Aus einem Revier ohne Schwarzwildvorkommen werden Wildschäden in einem Maisschlag gemeldet. Welche Wildart kommt hier vorrangig in Betracht?

- ❐ A Dachs
- ❐ B Rehwild
- ❐ C Stockente

138 Durch welche Maßnahmen lassen sich Schwarzwildschäden im Feld verringern?

- ❐ A Bestand kurz halten
- ❐ B Errichten von Elektrozäunen
- ❐ C akustische und optische Abschreckgeräte

139 Eine junge Rübenpflanze weist im trockenen Sommer Beschädigungen am Rübenkörper auf. Welche Wildarten können die Verursacher sein ?

- ❐ A Hase
- ❐ B Ringeltaube
- ❐ C Fasan

140 Im Revier finden Sie geschälte Fichten mit Schneidezahnspuren im Höhe von 1,60 m. Welches Tier kommt für diese Schälschäden in Betracht?

- ❐ A Muffelwild
- ❐ B Rotwild
- ❐ C Damwild

141 In einem Zuckerrübenfeld werden erhebliche Schwarzwildschäden festgestellt. Wie lassen sich diese verringern?

- ❒ A Erlegung einer Leitbache
- ❒ B Erlegung eines Frischlings aus der zu Schaden gehenden Rotte
- ❒ C mit jagdlichen Methoden überhaupt nicht

142 Sie finden in einer Kultur Ende Mai eine junge Lärche, bei der in der Höhe zwischen 40 bis 60 cm die Rinde abgeschabt ist. Welcher Schaden liegt vor?

- ❒ A Schälschaden
- ❒ B Fegeschaden
- ❒ C Nageschaden

143 Warum sind Sommerschälschaden durch Rotwild negativer zu beurteilen als Winterschälschäden?

- ❒ A weil Rotwild im Sommer stärker zur Schälung neigt
- ❒ B weil im Sommer vom Rotwild mit dem Speichel die Rotfaule übertragen wird
- ❒ C weil in der Saftzeit lange, breite Rindenstreifen von unten nach oben abgezogen werden

144 Warum verhindert das Kratzen oder Hobeln Schälschäden?

- ❒ A Harzaustritt und Wundkorkbildung
- ❒ B Baum ist markiert
- ❒ C menschlicher Geruch

145 Warum werden in Rotwildgebieten Wintergatter für Rotwild errichtet?

- ❒ A um den Abschuss von weiblichem Wild und Kälbern zu erleichtern
- ❒ B um das Zählen des Rotwildes zu ermöglichen
- ❒ C zur Vermeidung von Wildschäden während der Notzeit

146 Was verstehen Sie unter einem Grüneinband?

- ❒ A chemische Verwitterung gegen Verbiss
- ❒ B Hoch- oder Herunterbinden von Nadelholzzweigen zum Schutz gegen das Schälen
- ❒ C Feldumrandung

147 Welche Baumart ist im Alter zwischen 30 und 60 Jahren am wenigsten schälschadensgefährdet?

- ❒ A Buche
- ❒ B Eiche
- ❒ C Fichte

148 Welche heimischen Wildtiere verursachen Schäden an Bäumen durch Fegen oder Schlagen?

- ❒ A Rothirsch
- ❒ B Damhirsch
- ❒ C Rehbock

149 Welche Niederwildart verursacht Wildschäden auf Maissaaten durch Aufnahme des Saatgutes?

- ❒ A Stockente
- ❒ B Graugans
- ❒ C Fasan

150 Welche Schäden werden durch Damwild hauptsächlich verursacht?

- ❒ A Feldschäden
- ❒ B Rammschäden
- ❒ C Schälschäden

151 Welche typischen Merkmale weisen Wildschäden auf, die von Ringeltauben verursacht werden?

- ❐ A verkotete Pflanzen
- ❐ B angehackte Rübenkörper
- ❐ C entfernte Rinde

152 Welche von den folgend genannten Laubbaumarten wird in der Regel am wenigsten verbissen?

- ❐ A Eiche
- ❐ B Birke
- ❐ C Buche

153 Welche Wildart kann auf Kartoffelfeldern große Schäden verursachen?

- ❐ A Schwarzwild
- ❐ B Rehwild
- ❐ C Hase

154 Welche Wildarten kommen vorrangig für Wildschäden im Maisfeld in Betracht?

- ❐ A Fasanen
- ❐ B Dachse
- ❐ C Schwarzwild

155 Wie hoch müssen Schutzzäune gegen Rehwild mindestens sein?

- ❐ A 1,20 m
- ❐ B 1,50 m
- ❐ C 1,80 m

156 Wie kann ausgesäter Mais vor Fasanen geschützt werden?

- ❐ A durch Anhäufeln der Saatreihen
- ❐ B durch Beizen des Saatgutes
- ❐ C durch Festwalzen des Bodens

157 Wie kann man eine Forstkultur am sichersten vor Verbiss schützen?

- ❐ A durch Gatterung
- ❐ B durch Verwitterung
- ❐ C durch engen Pflanzenabstand

158 Wie kann Schwarzwild auf Kartoffelfeldern abgewehrt werden?

- ❐ A durch Aufstellen von Infrarotgeräten
- ❐ B durch Errichtung eines aus mehreren Drähten bestehenden Elektrozaunes
- ❐ C durch hohes Anhäufeln der Kartoffeln

159 Wie können Verbissschäden durch Schalenwild verhindert werden?

- ❐ A durch stärkere Beunruhigung des Wildes
- ❐ B durch Äsungsverbesserung
- ❐ C Durchführung von Nachtjagden

160 Wie können Rehböcke junge Forstpflanzen schädigen?

- ❐ A Schädigung der Terminaltriebe
- ❐ B durch Verfegen des jungen Bäumchens.
- ❐ C Verbiss des ganzen Baumes

161 Was versteht man unter dem Begriff „Nestflüchter"?

- ❒ A einen Bodenbrüter
- ❒ B ein vorwitziges Jungkaninchen
- ❒ C Jungvögel, die bald nach dem Schlupf das Nest verlassen

162 Welche Federwildart ist Bodenbrüter?

- ❒ A Waldschnepfe
- ❒ B Fasan
- ❒ C Auerwild

163 Welche Federwildart ist Nesthocker?

- ❒ A Kolkrabe
- ❒ B Rebhuhn
- ❒ C Ringeltaube

164 Welche Federwildart ist Nesthocker?

- ❒ A Rebhuhn
- ❒ B Mäusebussard
- ❒ C Türkentaube

165 Welche Vogelart ist Zugvogel?

- ❒ A Waldschnepfe
- ❒ B Rebhuhn
- ❒ C Wachtel

166 Welches Federwild gehört zum Hochwild?

- ❒ A Auerwild, Steinadler, Seeadler
- ❒ B Auerwild und Birkwild
- ❒ C Auerwild, Großtrappe, Höckerschwan

167 Wann mausern die Stockenten?

- ❒ A Februar bis April
- ❒ B Juni bis August
- ❒ C November bis Januar

168 Wann sind Stockerpel flugunfähig?

- ❒ A in der Sommermauser
- ❒ B in der Reihzeit
- ❒ C in der Winterstarre auf vereisten Teichen und Seen

169 Was versteht man unter „Reihzeit"?

- ❒ A die Sammlung der Zugvögel im Herbst
- ❒ B die Paarbildung der Enten
- ❒ C die Begründung der Rangordnung beim Schalenwild

170 Welche der genannten Entenarten gehört zu den Schwimmenten (Gründelenten)?

- ❒ A Spießente, Schnatterente, Krickente
- ❒ B Tafelente, Reiherente, Moorente
- ❒ C Kolbenente, Schellente, Eisente

171 Welche der genannten Federwildarten ist im Sommer mauserbedingt einige Wochen flugunfähig?

- ❒ A Waldschnepfe
- ❒ B Stockente
- ❒ C Wildtruthahn

172 Welche Federwildart deckt ihr Gelege beim Verlassen ab?

- ❒ A Auerwild
- ❒ B Stockente
- ❒ C Ringeltaube

173 Welche Wildentenart gehört zu den Tauchenten?

- ❒ A Stockente
- ❒ B Tafelente
- ❒ C Löffelente

174 Welche Wildentenart ist jagdlich von hoher Bedeutung?

- ❒ A Krickente
- ❒ B Tafelente
- ❒ C Stockente

175 Welche Wildgansart kommt in Deutschland als Brutvogel vor?

- ❒ A Blessgans
- ❒ B Graugans
- ❒ C Saatgans

176 Welches gemeinsame Kennzeichen haben Brand- und Trauererpel?

- ❒ A helle Federn
- ❒ B Schnabelhöcker
- ❒ C grauer Schild

177 Wie unterscheidet sich die Grau- von der Saatgans?

- ❒ A durch die Größe
- ❒ B durch die Halslänge
- ❒ C durch die Schnabelfärbung

178 Wieviel Eier brütet in der Regel die Stockente?

- ❒ A 2-6
- ❒ B 8-14
- ❒ C 16-20

179 Wo brütet die Schellente?

- ❒ A in Erdhöhlen
- ❒ B in Baumhöhlen
- ❒ C auf dem Erdboden unter Büschen

180 Wo nehmen Wildenten am besten Körnerfutter und Eicheln auf?

- ❒ A in Flachwasserbereichen
- ❒ B an geschlossenen Alleen
- ❒ C in der Feldflur

181 Zu welchen Enten gehört die Tafelente?

- ❐ A Schwimmenten
- ❐ B Flugenten
- ❐ C Tauchenten

182 Zu welcher Familie gehören die Säger?

- ❐ A zu den Watvögeln
- ❐ B zu Forstarbeitern
- ❐ C zu den Entenvögeln

183 Welche Aussage über die Bürzeldrüse ist richtig?

- ❐ A sie produziert ein Sekret zum Einfetten des Gefieders.
- ❐ B sie scheidet ein Sekret zur Reviermarkierung der Vögel aus.
- ❐ C es handelt sich um eine Geschlechtsdrüse des männlichen Vogels.

184 Bei welcher Federwildart haben die Hähne zur Balzzeit stark ausgeprägte Rosen?

- ❐ A Fasan
- ❐ B Schnepfe
- ❐ C Haselhuhn

185 Welche Farbe hat ein Fasanenei in der Regel?

- ❐ A strahlendweiß
- ❐ B olivbraun
- ❐ C braun gesprenkelt

186 Welche Lebensräume bevorzugt der Fasan?

- ❐ A Au- und Bruchwälder mit Wiese, Wasser und Feld
- ❐ B Buchenwälder mit vielen Dickungen
- ❐ C Fichtenwälder mit viel Altholz

187 Welches Feldhuhn baumt ab der sechsten Lebenswoche auf?

- ❐ A der Fasan
- ❐ B das Rebhuhn
- ❐ C das Schneehuhn

188 Wie lange bleibt ein Fasanengesperre vereinigt?

- ❐ A bis zur Herbstmauser
- ❐ B bis zum Beginn des Winters
- ❐ C bis zum nächsten Frühjahr

189 Wieviel Tage brütet die Fasanenhenne?

- ❐ A ca. 14 Tage
- ❐ B ca. 24 Tage
- ❐ C ca. 34 Tage

190 Wo hat die Fasanenhenne ihr Gelege?

- ❐ A auf dem Erdboden
- ❐ B auf niedrigen Laubbäumen
- ❐ C auf niedrigen Nadelbäumen

191 Woran wird der Hahn des böhmischen Jagdfasans erkannt?

- ❒ A an dem fehlenden weißen Halsring
- ❒ B an dem schmalen weißen Halsring
- ❒ C an dem breiten weißen Halsring

192 Sie finden am Rande einer Wiese auf dem Boden ein kaum ausgepolstertes Nest mit 10 einfarbigen, olivgrünen, ovalen Eiern in der Größe von Zwerghuhneiern. Von welcher Federwildart stammt das Gelege?

- ❒ A Rebhuhn
- ❒ B Fasan
- ❒ C Birkhuhn

193 Bei welchem Greifvogel ist der Stoß eng quergebändert?

- ❒ A Habicht
- ❒ B Turmfalke
- ❒ C Mäusebussard

194 Bei welcher Greifvogelart sind Jugend- und Altersgefieder identisch?

- ❒ A Mäusebussard
- ❒ B Habicht
- ❒ C Wanderfalke

195 Bei welcher Wildart beteiligt sich das männliche Tier bei der Aufzucht der Jungen?

- ❒ A Fasan
- ❒ B Stockente
- ❒ C Mäusebussard

196 Für welchen Greifvogel ist Aas eine wesentliche Ernährungsgrundlage?

- ❒ A Sperber
- ❒ B Baumfalke
- ❒ C Mäusebussard

197 Mit welchem Vogel kann der Sperber wegen ähnlicher Gefiederfarbe und -zeichnung verwechselt werden?

- ❒ A Sturmmöwe
- ❒ B Kuckuck
- ❒ C Turteltaube

198 Sie finden in einem Getreidefeld ein Gelege mit 3 weißen Eiern in der Größe von Zwerghuhneiern. Welcher Federwildart sind diese Eier zuzuordnen?

- ❒ A Fasan
- ❒ B Wiesenweihe
- ❒ C Wanderfalke

199 Was ist ein Gewölle?

- ❒ A ausgespiehene unverdauliche Reste der gekröpften Beute von Greifvögeln
- ❒ B die Kaninchenwolle in der Setzröhre
- ❒ C die Unterwolle im Balg des Haarraubwildes

200 Was versteht man unter dem Falkenzahn?

- ❒ A Ausbuchtung am Oberschnabel des Falken
- ❒ B spitze Krallen an den „Händen" des Falken
- ❒ C Schnabelspitze des Falken

201 Welche Falkenart erbeutet oft fliegende Insekten?

- ❒ A Turmfalke
- ❒ B Sakerfalke
- ❒ C Baumfalke

202 Welche Falkenarten benutzen zur Brut alte Nester anderer Vogelarten?

- ❒ A alle Falkenarten
- ❒ B Turmfalke
- ❒ C Wanderfalke

203 Welche Greifvögel brüten am Boden?

- ❒ A die Weihen
- ❒ B die Eulen außer Sumpfohreule
- ❒ C die Falken

204 Welche Greifvogelart begrünt den Horst nicht?

- ❒ A Sperber
- ❒ B Habicht
- ❒ C Wespenbussard

205 Welche Zeichnung weist das Brustgefieder beim Junghabicht auf?

- ❒ A quergebändert
- ❒ B bräunlich längsgetropft
- ❒ C gemischt

206 Welcher Adler gehört seiner Leistungsstufe nach zu den Sturzfluggreifern?

- ❒ A der Fischadler
- ❒ B der Steinadler
- ❒ C der Weißkopfadler

207 Welcher Greifvogel hat dunkle Augen?

- ❒ A Habicht
- ❒ B Wanderfalke
- ❒ C Mäusebussard

208 Welcher Greifvogel ist ein ausgesprochener Zugvogel?

- ❒ A Turmfalke
- ❒ B Sperber
- ❒ C Wespenbussard

209 Welcher Greifvogel kommt bei uns nur im Winter vor?

- ❒ A der Wespenbussard
- ❒ B der Raufußbussard
- ❒ C der Schwarzmilan

210 Welcher Greifvogel kreist immer wieder über der offenen Feldmark und lässt miauende Rufe hören?

- ❒ A Sperber
- ❒ B Mäusebussard
- ❒ C Habicht

211 Wie lang brütet der Mäusebussard?

- ❒ A etwa 24 Tage
- ❒ B etwa 33 Tage
- ❒ C etwa 47 Tage

212 Wie nennt man die vom Greifvögel ausgewürgten unverdauten Haar- und Federreste?

- ❒ A Gewölle
- ❒ B Gesperre
- ❒ C Bezoarkugeln

213 Wie schlüpfen die jungen Greifvögel?

- ❒ A blind und nackt
- ❒ B sehend und nackt
- ❒ C sehend und befiedert

214 Wo brütet die Kornweihe?

- ❒ A auf dem Boden
- ❒ B in Baumhöhlen
- ❒ C in Erdhöhlen

215 Wo horstet der Habicht in der Regel?

- ❒ A auf Bäumen innerhalb großer Waldgebiete
- ❒ B auf einzeln stehenden Bäumen in der Feldflur
- ❒ C in Dornenhecken

216 Wovon ernährt sich der Turmfalke hauptsächlich?

- ❒ A von Kleinvögeln
- ❒ B von Junghasen
- ❒ C von Mäusen

217 Bei einem Reviergang beobachten Sie einen bussardgroßen, dunklen Vogel mit keilförmigem Schwanz. Um welchen Vogel handelt es sich?

- ❒ A weibliche Rohrweihe
- ❒ B Kolkrabe
- ❒ C Schwarzmilan

218 Durch welche Merkmale unterscheidet man die Saatkrähe von der Rabenkrähe?

- ❒ A grindartiger Schnabelansatz
- ❒ B durch die Befiederung der Schnabelwurzel
- ❒ C durch die Größe

219 Welche Rabenvögel brüten in Kolonien?

- ❒ A Saatkrähe
- ❒ B Kolkrabe
- ❒ C Dohle

220 Welcher Rabenvogel besiedelt vorwiegend Gehölze in der offenen Landschaft und Stadtrandgebiete?

- ❒ A der Eichelhäher
- ❒ B der Tannenhäher
- ❒ C die Elster

221 Wie ernähren sich Rabenvögel?

- ❒ A Sie sind reine Fleischfresser.
- ❒ B Sie sind vielseitig anpassungsfähige Allesfresser.
- ❒ C Sie sind vorwiegend Pflanzenfresser.

222 Wo befindet sich das Hauptverbreitungsgebiet der Nebelkrähe?

- ❒ A östlich der Elbe
- ❒ B westlich der Elbe
- ❒ C westlich der Weser

223 Was ist Rackelwild?

- ❒ A Hasen, die auf der Böhmischen Streife erlegt werden
- ❒ B rüttelnde Falken
- ❒ C Kreuzungsprodukte zwischen Auer- und Birkwild

224 Welche Federwildart zählt in Deutschland zum Hochwild?

- ❒ A Auerwild
- ❒ B Birkwild
- ❒ C Haselwild

225 Welche Raufußhühnerart finden wir in Restvorkommen im Osterzgebirge und der Niederlausitz?

- ❒ A Birkwild
- ❒ B Haselwild
- ❒ C Rackelwild

226 Welche Wildart hat Balzstifte?

- ❒ A Fasan
- ❒ B Auerwild
- ❒ C Haselwild

227 Welcher Lebensraum ist für das Haselwild geeignet?

- ❒ A große, geschlossene, bergige Waldungen mit größerem Laubholzanteil
- ❒ B große, geschlossene Nadelwaldungen im Flachland
- ❒ C großflächiges Wiesen- und Ackerland mit Hecken und Rainen

228 Welcher Vogel lebt nur im Wald?

- ❒ A Fasan
- ❒ B Haselhuhn
- ❒ C Wachtel

229 Bei welcher Federwildart werden die Jungen von beiden Elterntieren geführt?

- ❒ A Stockente
- ❒ B Fasan
- ❒ C Rebhuhn

230 Sie finden Anfang Juni am Feldrand ein Gelege mit olivbraunen Eiern. Von welcher Federwildart stammt das Gelege?

- ❒ A Ente
- ❒ B Kiebitz
- ❒ C Rebhuhn

231 Wann löst sich die Rebhuhnkette zur Paarung auf?

- ❒ A September/Oktober
- ❒ B November/Dezember
- ❒ C Februar/März

232 Warum sind Junghühner mancher Rebhuhnketten zu Beginn der Jagdzeit noch nicht völlig ausgewachsen?

- ❒ A mangelndes Nahrungsangebot
- ❒ B sie stammen aus einem Zweitgelege.
- ❒ C kühle und feuchte Sommerwitterung

233 Welche Federwildarten haben von Mitte Juni bis Mitte Juli die Schlupfzeit?

- ❒ A Ente
- ❒ B Fasan
- ❒ C Rebhuhn

234 Welche Größe hat ein Rebhuhnei?

- ❒ A 25 x 15mm
- ❒ B 35 x 27mm
- ❒ C 40 x 35mm

235 Welcher Ackerwildkrautsamen wird von Rebhühnern gern angenommen?

- ❒ A Knöterich
- ❒ B Windhalm
- ❒ C Schachtelhalm

236 Welcher Hühnervogel lebt in Einehe?

- ❒ A Fasan
- ❒ B Rebhuhn
- ❒ C Birkhuhn

237 Wie lange bleiben Rebhühner im Familienverband?

- ❒ A bis zur Flugfähigkeit der Jungen
- ❒ B bis zur Jagdzeit im Herbst
- ❒ C bis zur Paarungszeit im nächsten Frühjahr

238 Wie lange brütet das Rebhuhn?

- ❒ A 9 - 11 Tage
- ❒ B 16 - 28 Tage
- ❒ C 24 - 25 Tage

239 Woran kann man beim Rebhuhn den Hahn von der Henne unterscheiden?

- ❒ A am Sporn
- ❒ B an der Form des Schnabels
- ❒ C an der Zeichnung der Oberflügeldeckfedern

240 Bei welcher Federwildart sind die Jungen Nestflüchter?

- ❒ A Turteltaube
- ❒ B Wachtel
- ❒ C Graureiher

241 In welchem Bundesland leben heute noch Großtrappen in freier Wildbahn?

- ❒ A Mecklenburg-Vorpommern
- ❒ B Brandenburg
- ❒ C Schleswig-Holstein

242 In welchen Monaten zieht die Waldschnepfe?

- ❒ A die Waldschnepfe ist kein Zugvogel.
- ❒ B Frühjahrszug März/April (Schnepfenstrich)
- ❒ C Herbstzug Oktober/November

243 Wo findet man das Gelege der Waldschnepfe?

- ❒ A in Erdhöhlen
- ❒ B auf dem Erdboden
- ❒ C in den Zweigen von Erlen

244 Wie nennt man den Graureiher im Volksmund?

- ❒ A Edelreiher
- ❒ B Nachtreiher
- ❒ C Fischreiher

245 Was ist am Flugbild des Graureihers charakteristisch?

- ❒ A der S-förmig gebogene Hals
- ❒ B der gegabelte Stoß
- ❒ C die herabhängenden Ständer

246 Welches Federwild gehört zu den Rallen?

- ❒ A Lachmöwe
- ❒ B Haubentaucher
- ❒ C Bläßhuhn

247 Wovon ernährt sich das Bläßhuhn?

- ❒ A Wasserpflanzen
- ❒ B Kleintiere und Insekten
- ❒ C von beidem

248 Welches Merkmal beobachtet man beim grünfüßigen Teichhuhn?

- ❒ A ein leuchtend weißes Stirnschild
- ❒ B ein gelbes Stirnschild
- ❒ C einen roten Stirnfleck

249 Wie unterscheiden sich bei den Möwen die Geschlechter?

- ❒ A es gibt keine äußerlichen Unterschiede
- ❒ B die Männchen sind deutlich größer als die Weibchen
- ❒ C die Männchen sind heller, die Weibchen dunkler gefärbt

250 Beteiligt sich der Ringeltauber an der Jungenaufzucht?

- ❒ A er verlässt nach der Balz die Taube.
- ❒ B er brütet und füttert mit.
- ❒ C er bewacht lediglich die brütende Taube.

251 Welche der drei genannten Federwildarten hat einfarbige, weiße Eier?

- ❒ A Rebhuhn
- ❒ B Ringeltaube
- ❒ C Waldschnepfe

252 Welche der genannten Federwildarten gehört zu den Strichvögeln?

- ❒ A die Ringeltaube
- ❒ B das Rebhuhn
- ❒ C der Fasan

253 Welche Taubenarten gehören zu den heimischen Wildtauben?

- ❒ A Ringeltaube, Türkentaube
- ❒ B Hohltaube, Turteltaube
- ❒ C Felsentaube

254 Welche Wildtaubenart hat sich zunehmend in Mitteleuropa verbreitet?

- ❒ A Türkentaube
- ❒ B Lachtaube
- ❒ C Hohltaube

255 Wie lange werden Jungtauben von den Altvögeln gefüttert?

- ❒ A 4 Wochen
- ❒ B 6 Wochen
- ❒ C 8 Wochen

256 Wie viele Bruten macht die Ringeltaube normalerweise in einem Jahr?

- ❒ A 1 Brut
- ❒ B 2-3 Bruten
- ❒ C 4-5 Bruten

257 Wieviel Eier hat das Gelege der Ringeltaube?

- ❒ A 2 Eier
- ❒ B 4 Eier
- ❒ C 6 Eier

258 Womit füttern Ringeltauben ihre Jungen?

- ❒ A mit einem im Kropf gebildeten Sekret (Kropfmilch)
- ❒ B vorwiegend mit Insekten und Weichtieren
- ❒ C vorwiegend mit Sämereien

259 Woran lassen sich bei der Ringeltaube flügge Jungvögel von Alttauben unterscheiden?

- ❒ A fehlende weiße Flügelbinde
- ❒ B fehlende weiße Flecken an den Halsseiten
- ❒ C fehlender dunkler Brustring

260 Welche Säugetierart gehört zu den Nestjungen (Nesthockern)?

- ❒ A Feldhase
- ❒ B Wildkaninchen
- ❒ C Fuchs

261 Welche Schalenwildarten haben im Oberkiefer keine Schneidezähne?

- ❒ A Rotwild
- ❒ B Rehwild
- ❒ C Damwild

262 Welche Schalenwildarten haben keine Gallenblase?

- ❒ A Cerviden
- ❒ B Boviden
- ❒ C Schwarzwild

263 Welche Tierarten werden behaart und sehend geboren?

- ❒ A Rehe
- ❒ B Hasen
- ❒ C Wildkaninchen

264 Welche Wildart lebt auch außerhalb der Paarungszeit überwiegend gesellig?

- ❒ A Auerwild
- ❒ B Rotwild
- ❒ C Muffelwild

265 Welche Wildart setzt in Erdhöhlen?

- ❒ A Hermelin
- ❒ B Murmeltier
- ❒ C Wildkaninchen

266 Welche Wildart wird nackt und blind geboren?

- ❒ A Feldhase
- ❒ B Wildkaninchen
- ❒ C Murmeltier

267 Welche Wildarten leben in geschlossenen Sippenkolonien?

- ❒ A Fuchs und Dachs
- ❒ B Iltis und Hermelin
- ❒ C Wildkaninchen und Murmeltiere

268 Welches Kriterium ist für die Altersschätzung des wiederkäuenden Schalenwildes beim Unterkiefer unbeachtlich?

- ❒ A Dentinfarbe
- ❒ B Abnutzungsgrad
- ❒ C Länge der Zahnwurzel

269 Warum kann die Fluchtfährte eines Rehes mit der gleichgroßen Fährte einer Sau nicht verwechselt werden?

- ❒ A Schwarzwild setzt die Trittsiegel ineinander.
- ❒ B beim Schwarzwild drückt sich das Geäfter seitlich über den Schalenrand hinaus ab.
- ❒ C Trittsiegel von Rehwild sind immer kleiner als von Schwarzwild.

270 Was ist der Rosenstock beim Geweihträger?

- ❒ A die Duftdrüse zwischen dem Geweih
- ❒ B ein knöcherner Stirnzapfen
- ❒ C die Geweihkrone

271 Was ist eine autochthone Wildart?

- ❐ A eine ursprünglich einheimische Tierart
- ❐ B eine später eingewanderte Tierart
- ❐ C eine später eingebürgerte Tierart

272 Welche der nachgenannten Wildarten zählen zu den Wiederkäuern?

- ❐ A Rotwild
- ❐ B Rehwild
- ❐ C Damwild

273 Bei welchem Schalenwild findet die Brunft im Oktober statt?

- ❐ A Schwarzwild
- ❐ B Damwild
- ❐ C Rehwild

274 In welchem Monat hat ein 7-jähriger Damschaufler sein Geweih verfegt?

- ❐ A Mai
- ❐ B Juni
- ❐ C September

275 Was ist ein „Knieper"?

- ❐ A ein Jagdmesser
- ❐ B ein 2jähriger Damhirsch
- ❐ C ein Jäger, der sich nach der Gesellschaftsjagd vor dem Schüsseltreiben drückt

276 Welche Äsung bevorzugt das Damwild?

- ❐ A Gras und Krautäsung
- ❐ B Spiegelrinde
- ❐ C Zweige und Knospen

277 Welche Schalenwildart benutzt nur zur Brunft eine Kuhle?

- ❐ A Rotwild
- ❐ B Schwarzwild
- ❐ C Damwild

278 Welches Durchschnittgewicht erreicht ein reifer Damhirsch?

- ❐ A 40-50 kg
- ❐ B 55-65 kg
- ❐ C 70-80 kg

279 Welches Merkmal ist für die Veranlagung eines Damspießers von Bedeutung?

- ❐ A Spießlänge
- ❐ B Höhe des sichtbaren Drosselknopfes an der Unterseite des Trägers
- ❐ C kolbenartige Verdickung oberhalb der Rosenstöcke und Körpermasse

280 Welches Tier schlägt Brunftkuhlen?

- ❐ A Rothirsch
- ❐ B Keiler
- ❐ C Damhirsch

281 Sie finden im Revier einen fuchsgroßen Raubwildschädel, der auf dem Schädeldach einen deutlichen Kamm aufweist. Von welcher Raubwildart stammt dieser Schädel?

- ❒ A Fuchs
- ❒ B Dachs
- ❒ C Wildkatze

282 Welche Raubwildart wirft schon im Februar?

- ❒ A Fuchs
- ❒ B Dachs
- ❒ C Fischotter

283 Wie verhält sich der Dachs im Winter?

- ❒ A er hält einen Winterschlaf wie das Murmeltier.
- ❒ B er hält Winterruhe.
- ❒ C der Dachs ist den gesamten Winter aktiv.

284 Wie werden die Dachswelpen geboren?

- ❒ A behaart und sehend
- ❒ B behaart und blind
- ❒ C nackt und blind

285 Wo wird der Dachsbart gerupft?

- ❒ A am Kragen
- ❒ B am Widerrist
- ❒ C über den ganzen Rücken

286 Was bedeutet es, wenn der Fuchs „schnürt"?

- ❒ A er trägt Mäuse für die Welpen ein.
- ❒ B er setzt die Läufe bei normaler Gangart hintereinander.
- ❒ C er säubert den Bau von vorjähriger Auspolsterung.

287 In welchen Monaten ranzt der Fuchs?

- ❒ A April/Mai
- ❒ B September
- ❒ C Januar/Februar

288 Warum verlässt die Fuchsfähe in den ersten Tagen nach dem Wölfen ihr Geheck nicht?

- ❒ A sie schützt die Welpen vor Kälte.
- ❒ B sie schützt die Welpen gegen den Dachs.
- ❒ C

289 Was ist die Viole?

- ❒ A die „Blume" des Hasen
- ❒ B die Talgdrüse des Federwildes
- ❒ C die Duftdrüse hinter der Luntenwurzel des Fuchses

290 Welche der genannten Raubwildarten hat die kürzeste Tragzeit?

- ❒ A Fuchs
- ❒ B Steinmarder
- ❒ C Dachs

291 Welche Wildart hat eine Tragzeit von 7 - 8 Wochen?

- ❒ A Feldhase
- ❒ B Wildkaninchen
- ❒ C Fuchs

292 Welcher Fuchs hat eine Eisblume?

- ❒ A der Kohlfuchs
- ❒ B der Birkfuchs
- ❒ C der Kreuzfuchs

293 Welcher Zahn ist der „Reißzahn" im Unterkiefer beim Fuchs?

- ❒ A der Eckzahn im Oberkiefer
- ❒ B der 4. Backenzahn im Oberkiefer
- ❒ C der erste Molar im Unterkiefer

294 Wie lang geht die Fuchsfähe dick?

- ❒ A 4 - 5 Wochen
- ❒ B 7 - 8 Wochen
- ❒ C 9 - 10 Wochen

295 Wie lange werden die Fuchswelpen gesäugt?

- ❒ A 3 - 5 Wochen
- ❒ B 7 - 9 Wochen
- ❒ C 12 - 14 Wochen

296 Wo findet man vorwiegend Fuchslosung?

- ❒ A in „Abtritten"
- ❒ B in Bodenvertiefungen
- ❒ C auf Bodenerhebungen

297 Wo lebt der Altfuchs überwiegend?

- ❒ A im Bau
- ❒ B im Feld
- ❒ C in Dickungen

298 Welche der nachstehenden Wildarten hat die kürzeste Tragzeit?

- ❒ A Rehwild
- ❒ B Gamswild
- ❒ C Damwild

299. Wie viele Monate dauert normalerweise die Tragzeit beim Gamswild?

- ❒ A rd. 4 Monate
- ❒ B rd. 6 Monate
- ❒ C rd. 8 Monate

300 Bei welcher Wildart sind die Löffel länger als der Kopf?

- ❒ A Schneehase
- ❒ B Kaninchen
- ❒ C Feldhase

301 In welchen Monaten erfolgt der Hauptzuwachs beim Hasen?

- ❐ A Februar bis April
- ❐ B August bis Oktober
- ❐ C Mai bis Juli

302 Was bezeichnet man als Dreiläufer?

- ❐ A einen Jungfuchs im Haarwechsel
- ❐ B ein drei bis vier Monate alten Junghasen
- ❐ C eine Jagdwaffe mit drei Läufen

303 Was unterscheidet das Wildkaninchen vom Hasen?

- ❐ A eine völlig andere Äsung
- ❐ B die Anzahl der Backenzähne
- ❐ C das Leben im Bau

304 Welche Drüse kommt beim Hasen vor?

- ❐ A Stirndrüse
- ❐ B Backendrüse
- ❐ C Viole

305 Welche Niederwildart bewohnt keine Baue?

- ❐ A Wildkaninchen
- ❐ B Hase
- ❐ C Iltis

306 Welche Niederwildarten bringen mehrmals im Jahr Junge zur Welt?

- ❐ A Fuchs
- ❐ B Hase
- ❐ C Wildkaninchen

307 Welche Stellungen nimmt der Feldhase ein, um seine Umwelt besser beobachten zu können?

- ❐ A Kegel
- ❐ B Männchen
- ❐ C er drückt sich.

308 Welche Wildart führt ihre Jungen nicht bis zum Selbständigwerden?

- ❐ A Hase
- ❐ B Fuchs
- ❐ C Hermelin

309 Welchen Farbton hat die Unterwolle des Feldhasen?

- ❐ A grau
- ❐ B weiß
- ❐ C braun

310 Wie hoch schätzen Sie den jährlichen durchschnittlichen Junghasenverlust in günstigen Hasengebieten?

- ❐ A 40 %
- ❐ B 50 %
- ❐ C über 60 %

311 Wie lang werden die jungen Feldhasen von der Häsin gesäugt?

- ❐ A etwa 3 Wochen
- ❐ B etwa 6 Wochen
- ❐ C etwa 9 Wochen

312 Wie lange dauert die Tragzeit des Feldhasen?

- ❐ A 31 - 33 Tage
- ❐ B 42 - 44 Tage
- ❐ C 57 - 64 Tage

313 Wieviel Junghasen setzt eine Häsin in der Regel während einer Rammelzeit?

- ❐ A 5 Junghasen
- ❐ B 10 Junghasen
- ❐ C 15 Junghasen

314 Woran erkennen Sie aus einer Hasenstrecke einen jungen Hasen?

- ❐ A an den Knötchen an der Außenseite der Vorderläufe
- ❐ B an der Augenlinse
- ❐ C an der helleren Färbung

315 Was ist typisch für Kaninchenlosung?

- ❐ A die Form
- ❐ B die verstreute Lage der Losung
- ❐ C die gehäufte Lage der Losung

316 Welche Wildart hat üblicherweise die größte Zuwachsrate?

- ❐ A Marder
- ❐ B Hase
- ❐ C Wildkaninchen

317 Wie kommen die Jungen des Wildkaninchens zur Welt?

- ❐ A nackt und blind
- ❐ B behaart und sehend
- ❐ C behaart und blind

318 Wie lange dauert beim Wildkaninchen die Tragezeit?

- ❐ A 4 Wochen
- ❐ B 6 Wochen
- ❐ C 8 Wochen

319 Wo setzt eine Wildkaninchenhäsin ihre Jungen?

- ❐ A in einer flachen Mulde
- ❐ B in einer Setzröhre
- ❐ C in Reisighaufen

320 Sie haben in einer Rasenfalle ein Stück Raubwild gefangen, dessen Sohlen behaart sind. Um welche Raubwildart handelt es sich?

- ❐ A Baummarder
- ❐ B Steinmarder
- ❐ C Waschbär

321 Welche Merkmale kennzeichnen das Große Wiesel?

- ❒ A Rutenspitze schwarz und langhaarig
- ❒ B Rutenspitze braun und kurzhaarig
- ❒ C verfärbt sich im Winter weiß

322 Welche Wildart besitzt einen hellgelben nach unten hin abgerundeten Kehlfleck?

- ❒ A Dachs
- ❒ B Baummarder
- ❒ C Steinmarder

323 Welche Wildart ranzt nicht im Juli/August?

- ❒ A Baummarder
- ❒ B Iltis
- ❒ C Dachs

324 Wieviel Prantenabdrücke setzt der abspringende Iltis?

- ❒ A zwei
- ❒ B drei
- ❒ C vier

325 Wodurch unterscheidet sich das Hermelin von anderen Marderarten?

- ❒ A durch Farbwechsel
- ❒ B durch die Anzahl der Fangzähne
- ❒ C durch die Anzahl der Zehen

326 Wodurch unterscheidet sich der Baummarder vom Steinmarder?

- ❒ A durch die Größe
- ❒ B durch die Länge der Rute
- ❒ C durch den gelblichen Kehlfleck

327 Bei welcher Schalenwildart erlaubt die Trophäe eine sichere Altersschätzung?

- ❒ A Rotwild
- ❒ B Rehwild
- ❒ C Muffelwild

328 Wann brunftet Muffelwild i.d.R.?

- ❒ A September/Oktober
- ❒ B November/Dezember
- ❒ C Januar/Februar

329 Wann ist der Zahnwechsel beim Muffelwild abgeschlossen?

- ❒ A im 2. Lebensjahr
- ❒ B im 3. Lebensjahr
- ❒ C im 4. Lebensjahr

330 Wann ist die Hauptlammzeit des Muffelwildes?

- ❒ A März
- ❒ B April
- ❒ C Mai

331 Warum soll der Biotop für das Muffelwild steinig sein?

- ❐ A Das Auswachsen der Schalen soll verhindert werden.
- ❐ B Muffelwild ist genügsam.
- ❐ C Steine dienen der Zerkleinerung der Nahrung.

332 Was ist ein „Schaf mit Stümpfen" in der Jägersprache?

- ❐ A Gamsgeiß mit Krucke
- ❐ B junge Steingeiß
- ❐ C Muffelschaf mit kurzen Hörnern

333 Was ist ein sicheres Ansprachemerkmal für einen alten Muffelwidder?

- ❐ A die enge Basisrillung
- ❐ B ein 3/4 geschlossener Kreisbogen
- ❐ C ein bis zu den Lichtern reichender Muffelfleck

334 Was versteht man unter einem Einwachser?

- ❐ A der Stockentenerpel fettet sein Gefieder.
- ❐ B die Spitzen der Muffelwidderschläuche wachsen in den Träger oder Unterkiefer ein.
- ❐ C der Rothirsch wächst in die nächst höhere Altersklasse ein.

335 Welche Biotope sind für Muffelwild geeignet?

- ❐ A zusammenhängende große Nadelholzforsten
- ❐ B gut gegliederte Wald-Feld-Reviere im Flachland
- ❐ C felsige Hanglagen mit Mischbestockungen

336 Wer führt ein gemischtes Muffelwildrudel an?

- ❐ A ein alter, reifer Widder
- ❐ B ein älteres Schaf
- ❐ C Muffelwildrudel wechseln und flüchten führerlos

337 Wie hoch ist der Muffelwildzuwachs bezogen auf das weibliche Wild am 01.04.?

- ❐ A 30 bis 40 %
- ❐ B 50 bis 70 %
- ❐ C 80 bis 90 %

338 Wie nennt man das Warnsignal eines Muffelleitschafes?

- ❐ A Ruf
- ❐ B Laut
- ❐ C Pfiff

339 Wozu gehört Muffelwild?

- ❐ A zu den Caniden
- ❐ B zu den Boviden
- ❐ C zu den Cerviden

340 An welchen Körperstellen hat der Rehbock Duftdrüsen?

- ❐ A am Spiegel
- ❐ B am Weidloch
- ❐ C an den Hinterläufen

341 An welchen Merkmalen kann man im Dezember eine Ricke von einem Bock unterscheiden?

- ❒ A herzförmiger Spiegel
- ❒ B Schürze
- ❒ C am fehlenden Pinsel

342 Bei welcher Schalenwildart kommt der Muffelfleck vor?

- ❒ A Rotwild
- ❒ B Muffelwild
- ❒ C Rehwild

343 Bei welcher Schalenwildart leben die über einjährigen männlichen Stücke im Sommer nicht in Gruppen zusammen?

- ❒ A Rotwild
- ❒ B Muffelwild
- ❒ C Rehwild

344 Im Unterkieferast eines erlegten Stückes weiblichen Rehwildes sehen Sie 2 Schneidezähne, 3 Prämolaren und 2 Molaren. Um was für ein Tier handelt es sich?

- ❒ A ein Kitz
- ❒ B eine alte Ricke
- ❒ C ein Schmalreh

345 Ist im Sommer eine deutliche Unterscheidung bezüglich der Geschlechter am Spiegel der Rehe möglich?

- ❒ A ja
- ❒ B nein
- ❒ C nur bei Kitzen

346 Rehböcke zeigen vor Aufgang der Bockjagd ein unverträgliches Verhalten gegenüber Artgenossen. Um was handelt es sich?

- ❒ A Ruhedürftigkeit im Haarwechsel
- ❒ B Territorial- oder Einstandkämpfe
- ❒ C Brunftkämpfe

347 Sie haben einen Rehbock erlegt, bei dem die Kunden in der ersten Säule des M I bereits verschwunden sind. Wie alt ist dieser Bock?

- ❒ A 1 Jahr
- ❒ B 2-3 Jahre
- ❒ C 5-6 Jahre

348 Wann bildet sich das Erstlingsgehörn des Rehbocks?

- ❒ A Dezember bis Januar
- ❒ B März bis Mai
- ❒ C Juli bis September

349 Wann erreicht der Rehbock sein höchstes Körpergewicht?

- ❒ A im Juli
- ❒ B im September
- ❒ C im November

350 Wann hat das gesunde Schmalreh voll verfärbt?

- ❒ A April
- ❒ B Juni
- ❒ C September

351 Wann hat ein 4jähriger Rehbock sein Gehörn fertig verfegt?

- ❒ A im Januar
- ❒ B im Februar
- ❒ C im April

352 Wann leben die Waldrehe in größeren Sprüngen zusammen?

- ❒ A in den Sommermonaten
- ❒ B in den Wintermonaten
- ❒ C das ganze Jahr über

353 Wann lösen sich beim Rehwild die Wintersprünge auf?

- ❒ A Ende Februar
- ❒ B Anfang April
- ❒ C Mitte Juni

354 Wann schiebt das Rehkitz den M1?

- ❒ A im zweiten bis dritten Lebensmonat
- ❒ B im zweiten Lebensjahr
- ❒ C überhaupt nicht

355 Warum sinken Rehwildkörpergewichte bei hoher Wilddichte?

- ❒ A Unverträglichkeit mit anderen Schalenwildarten
- ❒ B hohe Eigenstörung
- ❒ C fehlender Platz zum Ruhen und Wiederkäuen

356 Welche der nachfolgenden Aussagen, bezogen auf das Rehwild, ist nicht zutreffend?

- ❒ A Rehwild lebt wie die übrigen Hirscharten gesellig in Rudeln.
- ❒ B nach Körperbau und Lebensweise ist Rehwild als „Ducker" und „Schlüpfer" an unterholzreiche Biotope angepasst.
- ❒ C die Ernährung des Rehwildes ist wählerisch (naschhaft auf nährstoffreiche Pflanzenteile (z.B.Knospen, Triebe).

357 Welche für Schalenwild einmalige Eigenart weist das Rehwild hinsichtlich seiner Fortpflanzung (Tragzeit) auf?

- ❒ A Mehrfachbefruchtung
- ❒ B Eiruhe/Keimruhe oder verlängerte Tragzeit
- ❒ C keine außergewöhnliche Eigenschaft

358 Welche Körpermerkmale deuten beim Ansprechen des Rehwildes auf ein älteres Stück hin?

- ❒ A starker Vorschlag
- ❒ B spätes Verfärben
- ❒ C knochiger Körperbau

359 Welche Rehe wechseln in der Regel im Frühjahr zuerst die Haare?

- ❒ A ältere Ricken
- ❒ B ältere Böcke
- ❒ C Jährlinge und Schmalrehe

360 Welches ist das deutlichste Erkennungsmerkmal bei einem Rehbock im Dezember, der sein Gehörn abgeworfen hat?

- ❒ A der nierenförmige Spiegel
- ❒ B die verkrusteten Rosenstöcke
- ❒ C der Pinsel

361 Welches Schalenwild bildet das Gebiss in 12 bis 13 Monaten voll aus?

- ❒ A Rehwild
- ❒ B Muffelwild
- ❒ C Rotwild

362 Wie äst das Rehwild?

- ❒ A wenig wählerisch
- ❒ B wählerisch
- ❒ C schält Baumrinde und nimmt sie auf

363 Wie hoch liegt in normalen Jahren die Zuwachsrate beim Rehwild, bezogen auf die Zahl der am 1. April vorhandenen weiblichen Stücke?

- ❒ A 40 bis 60 %
- ❒ B 60 bis 80 %
- ❒ C 80 bis 100 %

364 Wie lange dauert die Blattzeit beim Rehwild?

- ❒ A 8 bis 10 Tage
- ❒ B 10 bis 14 Tage
- ❒ C 3 bis 4 Wochen

365. Wie nennt man ein Gehörn, bei dem die Stangen über den Rosen nach unten gekrümmt sind

- ❒ A Perückengehörn
- ❒ B Widdergehörn
- ❒ C Korkenzieher

366. Wie sieht der 3. Prämolar (P3) im Dauergebiss beim Rehwild aus?

- ❒ A einteilig
- ❒ B zweiteilig
- ❒ C dreiteilig

367 Wieviel Vorderzähne hat das Rehwild in jeder Unterkieferhälfte?

- ❒ A 2
- ❒ B 3
- ❒ C 4

368. Wodurch erhält das Gehörn des Rehbocks nach dem Fegen seine dunkle Farbe?

- ❒ A durch den Zustrom des Blutes
- ❒ B durch den Stickstoffgehalt der Luft
- ❒ C durch Pflanzensäfte beim Schlagen an Stämmen

369. Wodurch unterscheiden sich Waldrehe von Feldrehen?

- ❒ A durch unterschiedliche anatomische Merkmale
- ❒ B durch unterschiedliche Fortpflanzungsdaten
- ❒ C durch unterschiedliches Verhalten

370 Woran erkennt man, ob ein Rehbock jung oder alt ist?

- ❒ A an der Stimme beim Schrecken
- ❒ B am Körperbau und Verhalten
- ❒ C an der Gesichtsmaske

371 Bei welcher Schalenwildart gibt es keine Zwischenzehendrüse?

- ❒ A Rotwild
- ❒ B Muffelwild
- ❒ C Rehwild

372 Bei welcher Schalenwildart hat das männliche Geschlecht meist eine Mähne?

- ❒ A Rotwild
- ❒ B Damwild
- ❒ C Schwarzwild

373 In welchem Monat hat der alte Rothirsch sein Geweih verfegt?

- ❒ A Juni
- ❒ B August
- ❒ C September

374 In welchen Monat fällt beim Rotwild die Feistzeit?

- ❒ A August
- ❒ B November
- ❒ C Januar

375 Lässt die Endenzahl des Geweihs Rückschlusse auf das genaue Alter eines Hirsches zu?

- ❒ A nein
- ❒ B ja, aber erst ab 12 Enden
- ❒ C ja, Endenzahl dividiert durch 2 = Alter

376 Mit welchen Körperteilen tragen die Kolbenhirsche beim Rotwild ihre evtl. Streitigkeiten aus?

- ❒ A Geweih
- ❒ B Zähne
- ❒ C Vorderläufe

377 Wann brunftet das Rotwild?

- ❒ A Mitte Juli bis Mitte August
- ❒ B Mitte September bis Mitte Oktober
- ❒ C Mitte November bis Mitte Dezember

378 Wann erreicht ein Rothirsch das Reifealter?

- ❒ A 5 bis 6 Jahre
- ❒ B 7 bis 9 Jahre
- ❒ C ab 10 Jahre

379 Wann ist bei einem Rothirschkalb in der Regel eine Rosenstockerhebung erkennbar?

- ❒ A mit 3 Monaten
- ❒ B mit 7 Monaten
- ❒ C mit 10 Monaten

380 Wann spricht man beim Rothirschgeweih von einer Krone?

- ❒ A wenn eine Geweihstange ab dem 2. Kopf 4 Enden aufweist
- ❒ B wenn oberhalb der Mittelsprosse mindestens 3 Enden ausgebildet sind
- ❒ C wenn das Geweih vollkommen gefegt ist

381 Was bezeichnet man als Grandeln?

- ❒ A Eckzähne im Oberkiefer des Rotwildes
- ❒ B Schalen des Rotwildes
- ❒ C die dritten Prämolaren im Unterkiefer

382 Was bezeichnet man als Passstangen?

- ❒ A Markierungen im Hochgebirge
- ❒ B beide Abwurfstangen eines Geweihes
- ❒ C alle an einem Wechsel abgelegten Abwurfstangen einer Cervidenart

383 Was sind Himmelszeichen?

- ❒ A mit dem Geweih verursachte Zeichen beim Ziehen des Rothirsches
- ❒ B Vorahnungen vor der Jagdausübung
- ❒ C besonders lange Mondphasen zur Schwarzwildbejagung

384 Was versteht man unter dem Beitritt?

- ❒ A ein Fährtenzeichen beim Rothirsch
- ❒ B die Annäherung eines Beihirsches zum Brunftrudel
- ❒ C den Deckakt beim Schalenwild

385 Was versteht man unter einem Kolbenhirsch?

- ❒ A ein alter Hirsch mit endlosen kolbenartigen Spießen
- ❒ B ein Hirsch kurz vor dem Abwerfen des Geweihes
- ❒ C ein Hirsch, dessen Geweih sich im Bast befindet

386 Welche Wildart hat einen besonders gut ausgeprägten Geruchssinn?

- ❒ A Rotwild
- ❒ B Hase
- ❒ C Fasan

387 Welches Geweih schiebt ein Rothirsch in der Regel im 3. Lebensjahr?

- ❒ A ein Spießergeweih
- ❒ B ein Sechser- oder Achtergeweih
- ❒ C ein geringes Kronengeweih

388 Wer führt während der Brunftzeit ein Rotwildrudel an?

- ❒ A Leittier
- ❒ B Platzhirsch
- ❒ C Adjudant

389 Weshalb ist das Kalb vor dem Alttier zu erlegen?

- ❒ A Ein verwaistes Kalb würde kümmern und im Winter elendig verenden.
- ❒ B weil der Altersklassenabschuss es fordert
- ❒ C weil dadurch eine unerwünschte Nachbrunft vermieden wird

390 Wie äst das Rotwild?

- ❒ A wenig wählerisch
- ❒ B wählerisch
- ❒ C schält Baumrinde und nimmt sie auf

391 Wie hoch ist der durchschnittliche Zuwachs des Rotwildes, bezogen auf den vorhandenen Bestand des weiblichen Wildes am 01.04. jeden Jahres?

- ❒ A die Hälfte
- ❒ B drei Viertel
- ❒ C fünf Sechstel

392 Wie hoch soll der prozentuale Alttierabschuss vom weiblichen Wild liegen?

- ❒ A ca. 20 %
- ❒ B ca. 35 %
- ❒ C ca. 45 %

393 Wie lange dauert der Neuaufbau eines Hirschgeweihs nach dem Abwerfen bis zum Verfegen?

- ❒ A 4 Wochen
- ❒ B etwa 4 Monate
- ❒ C etwa 6 Monate

394 Wie lange dauert die Brunft beim Rotwild?

- ❒ A 1 Woche
- ❒ B 2 bis 4 Wochen
- ❒ C 8 bis lO Wochen

395 Wie nennt man die Lautäußerung eines Alttiers beim Rotwild?

- ❒ A Mahnen
- ❒ B Fiepen
- ❒ C Pfeifen

396 Wie unterscheidet man ein gestrecktes Schmaltier von einem jungen Alttier?

- ❒ A an der Wildbretmasse
- ❒ B an der schlanken, schmalen Figur
- ❒ C an der Zahl der Backenzähne

397 Wie wird der Hirsch in der Zeit bezeichnet, in der er das Geweih schiebt?

- ❒ A Zukunftshirsch
- ❒ B Feisthirsch
- ❒ C Kolbenhirsch

398 Wieviel Tage vergehen in der Regel beim Rothirsch vom Abwerfen des alten Geweihes bis zum Fegen des neuen Geweihes?

- ❒ A a. 80 Tage
- ❒ B ca. 140 Tage
- ❒ C ca. 200 Tage

399 Wo und wann kann man die Winterfütterung des Rotwildes rechtfertigen?

- ❒ A in Mittelgebirgslagen zu Notzeiten
- ❒ B in allen bestätigten Gebieten für die Hege und Bejagung des Rotwildes vom 1.10. bis 31.03.
- ❒ C eine Fütterung des Rotwildes hat aus Wildschadensgründen grundsätzlich zu unterbleiben

400 Wo wird der Hirschbart gerupft?

- ❒ A am Kragen / der Brunftmähne
- ❒ B am Widerrist
- ❒ C über den ganzen Rücken

401 Zählt die Wolfssprosse zur Krone?

- ❒ A ja
- ❒ B nein
- ❒ C

402 Bei welcher Schalenwildart kann man das Alter kaum danach bestimmen, wie abgenutzt die Backenzähne sind.

- ❒ A Rotwild
- ❒ B Rehwild
- ❒ C Schwarzwild

403 Kann ein im Februar geborener Frischling schon im ersten Lebensjahr rauschig werden?

- ❒ A Nein, die Geschlechtsreife bei Bachen tritt erst im 2. Lebensjahr ein.
- ❒ B Ja, Frischlingsbachen können als Überläufer schon Nachwuchs führen.
- ❒ C Ja, eine Frischlingsbache kann schon im ersten Lebensjahr rauschig werden.

404 Nennen Sie den ältesten Zahn im Dauergebiss einer Sau.

- ❒ A P 1
- ❒ B M3
- ❒ C M 1

405 Wann verlieren Frischlinge die hellen Längsstreifen auf ihrer Schwarte?

- ❒ A am Ende des 1. Lebensmonats
- ❒ B zwischen dem 4. und 6. Lebensmonat
- ❒ C nach dem 10. Lebensmonat

406 Welche Schalenwildart hat die höchste Nachwuchsrate?

- ❒ A Sikawild
- ❒ B Rehwild
- ❒ C Schwarzwild

407 Welche Zuwachsrate jeweils zum 01.04. rechnet man in Normaljahren bei Schwarzwild?

- ❒ A 170 % auf den weiblichen Bestand außer Frischlinge
- ❒ B 140 % auf den Gesamtbestand
- ❒ C 100 % auf den Bestand an Altbachen

408 Wie bestimmt man das Alter eines erlegten Stückes Schwarzwild?

- ❒ A nach der Pürzellänge
- ❒ B nach dem Gebiss
- ❒ C nach der Körpermasse

409 Wie lange werden Frischlinge in der Regel gesäugt?

- ❒ A etwa bis 3 Monate
- ❒ B etwa bis 6 Monate
- ❒ C etwa bis 8 Monate

410 Wie sieht die Winterschwarte von einem alten Stück Schwarzwild aus?

- ❒ A fast schwarz
- ❒ B grau
- ❒ C dunkelbraun

411 Wo frischt die Bache?

- ❒ A Sasse
- ❒ B Wurfkessel (Frischkessel)
- ❒ C in fließenden Gewässern

412 Welche Ziele verfolgt die Hege des Wildes nach Bundesjagdgesetz?

- ❒ A möglichst große Wildbestände erhalten.
- ❒ B artenreiche und gesunde Wildbestände erhalten.
- ❒ C Pflege und Sicherung der Lebensgrundlagen des Wildes.

413 Woran erkennt man die Fährte des Schwarzwildes?

- ❒ A an der Größe des Schalenabdruckes
- ❒ B an der Form des Schalenabdruckes
- ❒ C am Geäfter

414 Woran erkennt man einen Frischling?

- ❒ A Größe und Gewicht
- ❒ B brauner Unterton der Schwarte
- ❒ C Borsten und Pürzelquaste

415 Nennen Sie den Biotop des Sikawildes.

- ❒ A eine Parklandschaft
- ❒ B das Hochgebirge
- ❒ C der Wald

416 Welche Wildart ist von Natur aus ausgesprochen nachtaktiv?

- ❒ A Gamswild
- ❒ B Rotwild
- ❒ C Waschbär

417 Welcher Nager kann in Wildentenrevieren stark als Nesträuber auftreten?

- ❒ A Wanderratte
- ❒ B Bisam
- ❒ C Nutria

418 Wo befindet sich die Biberburg?

- ❒ A unter Wasser
- ❒ B über dem Wasserspiegel
- ❒ C in Wasserspiegelhöhe

419 Woher stammt der Bisam, der sich seit Beginn des 20 Jahrhunderts über Europa verbreitet hat?

- ❒ A aus Nordamerika
- ❒ B aus Vorderasien
- ❒ C aus Sibirien

420 Woraus besteht die Nahrung der Murmeltiere?

- ❒ A aus Weichhölzern
- ❒ B aus Insekten und Larven
- ❒ C aus Kräutern und Gräsern

421 Unter welcher Bedingung erreicht ein Büchsengeschoss seine maximale Flugweite?

- ❐ A mit einem Lauferhöhungswinkel von etwa 10 Grad
- ❐ B mit einem Lauferhöhungswinkel von 30 bis 35 Grad
- ❐ C mit Rückenwind

422 Welche max. Flugweiten können Büchsengeschosse aus Jagdwaffen erreichen?

- ❐ A 1000 m
- ❐ B 3000 m
- ❐ C 5000 m

423 Was versteht man unter dem Freiflug eines Geschosses?

- ❐ A den Weg des Geschosses nach dem Verlassen des Laufes
- ❐ B den Weg des Geschosses nach dem Verlassen der Geschosshülse bis zum Eintreten in die Felder des Gewehrlaufes
- ❐ C den Weg des Geschosses nach dem Durchschlagen des Wildkörpers

424 Welche Faktoren beeinflussen im wesentlichen die Flugbahn eines Büchsengeschosses?

- ❐ A Lauflänge, Zug und Felddurchmesser
- ❐ B Drallänge und Mündungsgasdruck
- ❐ C Geschwindigkeit, Erdanziehung und Luftwiderstand

425 Gegenüber einem waagerechten Schuss wird die Flugbahn eines Geschosses bei einem Winkelschuss:

- ❐ A gekrümmter
- ❐ B gestreckter
- ❐ C nicht verändert

426 Was verstehen Sie unter dem Begriff „Abkommen"?

- ❐ A Zielstachel beim Zielfernrohr
- ❐ B seitliche Geschossabweichung durch Windeinfluss
- ❐ C Zielpunkt beim Auslösen des Schusses

427 Eine Repetierbüchse hat bei 100 m Schussentfernung einen Hochschuss von 4 cm. Wie oft schneidet die Geschossflugbahn dann die Visierlinie, bei einer Zielentfernung von 250 m?

- ❐ A 1 x
- ❐ B 2 x
- ❐ C nie

428 Was ist die Seelenachse?

- ❐ A die Seele des Gewehrs
- ❐ B eine gedachte Linie in Längsrichtung durch die Mitte des Laufes (Mittellinie der Laufbohrung)
- ❐ C die Verbindung Kimme-Korn-Ziel

429 Warum werden Jagdwaffen mit Büchsenläufen in der Regel auf die günstigste Einschießentfernung (GEE) eingeschossen?

- ❐ A weil beim Schießen mit dem Zielfernrohr keine andere Möglichkeit besteht
- ❐ B weil dadurch auf die größtmögliche Entfernung ohne Haltepunktänderung geschossen werden kann
- ❐ C weil bei einer größeren Entfernung die Geschossenergie nicht ausreicht

430 Was ist unter „Drall" zu verstehen?

- ❐ A die von den gewundenen Zügen und Feldern dem Geschoss vermittelte Drehung um seine Längsachse
- ❐ B sehr disziplinierte Hundeabrichtung
- ❐ C Verschlusssystem für Jagdwaffen

431 Die Dralllänge hat Einfluss auf die ...

- ❐ A Schussgenauigkeit
- ❐ B Geschosszerlegung
- ❐ C Mündungsgeschwindigkeit

432 Was verhindert ein Überschlagen der Geschosse, nachdem sie den Gewehrlauf verlassen haben?

- ❐ A die Rotation
- ❐ B die Dralllänge
- ❐ C das nachhaltig abbrennende Pulver

433 Warum sollte ein Büchsenpatronenlager vor dem Schießen entfettet werden?

- ❐ A die Patronenhülse schließt den Lauf sonst nicht mehr gasdicht ab.
- ❐ B die Trefferlage kann sich ändern.
- ❐ C der Verschluss wird überlastet.

434 Wie wirkt sich ein Ölschuss aus?

- ❐ A starke Rauchentwicklung
- ❐ B Treffpunktlageabweichung
- ❐ C gefährliche Gasdrucksteigerung

435 Die Energie eines Jagdbüchsengeschosses ist von folgenden Faktoren abhängig:

- ❐ A Hülsenlänge und Pulverladung
- ❐ B Geschossmaterial und Lauflänge
- ❐ C Geschossmasse und Geschossgeschwindigkeit

436 Woher bekommt das Flintenlaufgeschoss seine Richtungsstabilität?

- ❐ A durch den Drall
- ❐ B durch seine lange Führung
- ❐ C durch seine Massenverteilung (Pfeilprinzip)

437 Was verstehen Sie unter dem Begriff „Ballistik"?

- ❐ A das Trefferbild beim Schrotschuss
- ❐ B die Lehre vom Schuss
- ❐ C die Anzahl der Passkugeln, die aus einem englischen Pfund hergestellt werden

438 Was versteht man unter Innenballistik des Büchsengeschosses?

- ❐ A die Wirkung des Geschosses im Wildkörper
- ❐ B die Vorgänge während des Geschossfluges ab der Laufmündung bis zum Erreichen des Ziels
- ❐ C die Vorgänge im Lauf von der Zündung bis zum Austritt des Geschosses

439 Was bedeutet bei ballistischen Angaben in den Schusstafeln der Ausdruck „Joule"?

- ❐ A Auffreffwucht des Geschosses
- ❐ B Bewegungsenergie des Geschosses
- ❐ C Auftreffenergie des Geschosses

440 Wo entsteht beim Schuss der höchste Gasdruck?

- ❐ A an der Mündung der Waffe
- ❐ B 30 cm vor dem Patronenlager
- ❐ C in der Patronenhülse

441 Was bedeutet die Bezeichnung V 100 in einer Schusstafel?

- ❒ A Geschossenergie nach 100 m Schussentfernung
- ❒ B Geschossgeschwindigkeit nach 100 m Schussentfernung
- ❒ C Abstand der Visierlinie zur Treffpunktlage des Geschosses nach 100 m Schussentfernung

442 Wodurch wird die schnelle Tötung beim Schrotschuss bewirkt?

- ❒ A durch die multiplen Verletzungen
- ❒ B durch die Schockwirkung
- ❒ C durch schnelles Verbluten

443 Nennen Sie mögliche Ursachen von Laufsprengungen!

- ❒ A Fremdkörper im Lauf
- ❒ B falsche Munition (zu hoher Gasdruck)
- ❒ C Rostnarben, Materialfehler

444 Wann ist die Jagdwaffe grundsätzlich zu entladen?

- ❒ A wenn man sich einem gestreckten Stück Schalenwild nähert
- ❒ B beim Besteigen von Fahrzeugen und während der Fahrt muss die Schusswaffe entladen sein
- ❒ C wenn sich bei Pirschgang Personen im Revier aufhalten

445 Warum muss auf dem Schießstand eine Waffe mit geöffnetem Verschluss getragen bzw. abgestellt werden?

- ❒ A die Waffe kühlt so schneller aus
- ❒ B aus Sicherheitsgründen
- ❒ C damit der Verschluss entlastet wird

446 Welches ist die beste und sicherste Sicherung?

- ❒ A das entladene Gewehr
- ❒ B die Abzugssicherung
- ❒ C die Schlagstücksicherung

447 Wie geben Sie mit der Waffe den „Jägernotruf" ab?

- ❒ A Einzelschuss, nach 3 Sekunden Doppelschuss, nach 3 Sekunden Einzelschuss
- ❒ B 3 Doppelschüsse im 3-Minutenabstand
- ❒ C 5 Schüsse im Sekundenabstand

448 Wie ist eine Repetierbüchse beim Laden und Entladen stets zu halten?

- ❒ A in eine Richtung, in der niemand gefährdet wird
- ❒ B nach unten
- ❒ C nach oben

449 Wie trägt man die Jagdwaffe auf der Jagd, wenn man einen Jagdhund an der Leine führt?

- ❒ A auf der rechten Schulter mit dem Lauf nach oben
- ❒ B auf der linken Schulter
- ❒ C über dem Rücken mit dem Lauf nach unten

450 Wie verhalten Sie sich bei einem Versager?

- ❒ A sofort den Verschluss öffnen und die Patrone schnell aus dem Lager nehmen (Sprengungsgefahren)
- ❒ B die Laufmündung in Zielrichtung halten und den Verschluss erst nach 10 Sekunden öffnen
- ❒ C die Waffe, ohne zu öffnen, dem Büchsenmacher bringen

451 Wie weit reicht die Gefahrenzone bei Schrotpatronen?

- ❒ A 1000 bis 2500 m
- ❒ B Schrotkaliber mal 10 = Gefahrengrenze in m
- ❒ C Schrotstärke in mm mal 100 = Gefahrengrenze in Metern

452 Worauf ist zu achten, wenn bei gefrorenem Boden mit der Flinte gejagt wird?

- ❒ A die vom Boden abprallenden Schrote können Nachbarschützen verletzen
- ❒ B die Patronen müssen in der Manteltasche getragen werden, damit es durch die tiefen Temperaturen nicht zu Gasdruckerhöhungen kommt
- ❒ C die Reichweite der Schrote ist bei Frost deutlich größer (Sicherheit)

453 Zusammen mit einigen anderen Jägern werden Sie zur Entenjagd an einem Teich abgestellt, dessen Ufer mit hohen Weiden bestanden ist. Worauf müssen Sie beim Schießen mit Stahlschrotpatronen besonders achten?

- ❒ A die Schussentfernungen müssen reduziert werden
- ❒ B nicht auf Wasser schießen, Schrote können darauf abprallen
- ❒ C gegenüber Bleischroten müssen größere Sicherheitswinkel zu den Nachbarschützen eingehalten werden

454 Wozu dient eine ventilierte Gummischaftkappe?

- ❒ A damit der Schwerpunkt weiter nach vorn verlagert wird
- ❒ B damit infolge des „Arbeitens" des Holzes der Schaft nicht reißt
- ❒ C zur Rückstoßminderung

455 Was sind „Signalstifte"?

- ❒ A Forstlehrlinge, die das Jagdhorn blasen
- ❒ B Vorrichtung, die bei Waffen anzeigt, ob geladen oder gespannt ist
- ❒ C Vorrichtung, die anzeigt, ob eine Waffe gestochen ist

456 Wie verhalten Sie sich bei einer Funktionsstörung an der Selbstladepistole?

- ❒ A Verschluss öffnen und Patrone oder Hülse auswerfen
- ❒ B sichern, Magazin entnehmen und Verschluss öffnen
- ❒ C Pistole sichern und versuchen, diese zu zerlegen

457 Wozu führt das Auflegen einer Bockbüchsflinte in Mündungsnähe beim Kugelschuss?

- ❒ A es ist ohne Einfluss auf die Treffpunktlage.
- ❒ B es führt zu Kurzschuss.
- ❒ C es führt zu Hochschuss.

458 Was muss beim Schießen mit aufgesetztem Zielfernrohr besonders beachtet werden?

- ❒ A die durchsichtigen Regenschutzdeckel müssen vorher entfernt werden
- ❒ B das volle Blickfeld muss sichtbar sein
- ❒ C es muss darauf geachtet werden, dass kein Hindernis in Laufnähe übersehen wird

459 Wie weit kann ein Flintenlaufgeschoss das Hintergelände höchstens gefährden?

- ❒ A 2500 m
- ❒ B 1500 m
- ❒ C 800 m

460 Was verstehen Sie unter dem Begriff „Unterladen"?

- ❒ A Schießen von Patronen mit reduzierter Pulverladung
- ❒ B das gefüllte Magazin befindet sich bei geschlossenem Verschluss in der ungeladenen Waffe
- ❒ C bei einer Selbstladepistole ist das Magazin nicht gefüllt

461 Warum wird bei einem Drilling zweckmäßigerweise der Einstecklauf im rechten Schrotlauf montiert?

- ❒ A weil beim Schießen mit dem Einstecklauf der vordere Abzug benutzt und gestochen werden kann
- ❒ B die Haltbarkeit des rechten Schrotlaufes ist vom Beschussamt besonders geprüft
- ❒ C beim linken Lauf würde das Geschoss sonst die enge Würgebohrung berühren

462 Wie muss üblicherweise ein Drilling eingestochen werden?

- ❒ A durch Vordrücken des vorderen Abzuges
- ❒ B durch Vordrücken des hinteren Abzuges
- ❒ C durch Zurückziehen des hinteren Abzuges

463 Wann wird eine Büchse eingestochen?

- ❒ A vor dem Anschlagen
- ❒ B vor dem Entsichern
- ❒ C nach dem Entsichern im Anschlag

464 Für welche Faustfeuerwaffe sind Patronen mit einer Rille am Hülsenende bestimmt?

- ❒ A Pistole
- ❒ B Revolver
- ❒ C für beide

465 Aus welchen Hauptteilen besteht eine Selbstladepistole?

- ❒ A Griffstück, Lauf, Verschluss, Spann- und Abzugsmechanismus, Magazin
- ❒ B Schaft, Verschluss, Trommel, Handgriff
- ❒ C Systemkasten, Griffschalen, Laufpaar, Abzugsbügel

466 Wo befindet sich bei einer Pistole das Patronenlager?

- ❒ A im Magazin
- ❒ B im Lauf
- ❒ C im Griffstück

467 Sie wollen für Ihre Pistole P 38 Munition erwerben. Was müssen Sie beim Erwerb vorlegen?

- ❒ A den gültigen Jahresjagdschein
- ❒ B die Waffenbesitzkarte, in die die Pistole eingetragen ist, mit Berechtigungsvermerk zum Erwerb der dazugehörigen Munition
- ❒ C den gültigen Personalausweis

468 Warum ist ein präzises Schießen mit Kurzwaffen nicht leicht?

- ❒ A wegen der kurzen Visierlinie
- ❒ B wegen geringer Geschossstabilisierung durch den kurzen Lauf
- ❒ C wegen der kurzen Führungslänge der Geschosse

469 Wie wird am zweckmäßigsten bei einem Revolver kontrolliert, ob die Laufbohrung frei von Hindernissen ist?

- ❒ A Eine Kontrolle ist nicht erforderlich, da bei der kurzen Lauflänge keine Schwierigkeiten mit Hindernissen zu erwarten sind.
- ❒ B Eventuell vorhandene Hindernisse können durch Abgabe eines Schusses aus dem Lauf geschossen werden.
- ❒ C Bei ausgeschwenkter Trommel wird Licht in den Lauf gespiegelt; von der Mündung her lässt sich dann die Laufbohrung beobachten.

470 Wann darf der Jäger mit der Kurzwaffe auf Wild schießen?

- ❒ A nur zum Zwecke des Fangschusses sowie bei der Bau- und Fallenjagd
- ❒ B bis zu einer Entfernung von 30 m auf stehendes Schalenwild
- ❒ C auf Wild darf mit einer Kurzwaffe nicht geschossen werden

471 Was versteht man unter dem Begriff „Double Action"?

❐ A Lauf und Verschluss einer Pistole
❐ B man kann mit vorgespanntem als auch nicht vorgespanntem Hahn schießen.
❐ C der Hahn muss für den ersten Schuss vorgespannt werden.

472 Besitzen Revolver eine Sicherung?

❐ A Revolver benötigen keine von Hand zu bedienende Sicherung.
❐ B ja, eine außenliegende Flügelsicherung
❐ C ja, aber nur der Single Action-Revolver

473 Bei welcher Waffe befindet sich das Patronenlager nicht im Lauf?

❐ A bei der Pistole
❐ B beim Revolver
❐ C

474 In welchem Teil eines Revolvers wird die Patrone gezündet?

❐ A im Magazin
❐ B in der Trommel
❐ C im Lauf

475 Einen Hülsenausstoßer gibt es nur...

❐ A beim Repetierer
❐ B bei der Selbstladebüchse
❐ C beim Revolver

476 Aus welchem Lauf löst sich bei einem auf „Kugel" gestellten Drilling der Schuss, wenn der hintere Abzug betätigt wird?

❐ A aus dem Büchsenlauf
❐ B aus dem linken Schrotlauf
❐ C aus dem rechten Schrotlauf

477 Kann ein Hindernis in einem Gewehrlauf bei der Schussabgabe gefährlich werden?

❐ A ja, es kann zu Laufsprengungen oder Laufaufbauchungen kommen
❐ B nein, die Festigkeit der Gewehrlaufstähle ist so hoch, dass keine Aufbauchungen oder Sprengungen entstehen
❐ C nein, das Hindernis wird durch Pulvergase aus dem Lauf getrieben

478 Sie stellen fest, dass sich die Treffpunktlage Ihrer Repetierbüchse unzulässig verändert hat. Welche der nachstehenden Ursachen könnte dafür verantwortlich sein?

❐ A Sie haben die Dioptrieneinstellung Ihres Zielfernrohrs verstellt.
❐ B Von den vorhergehenden Schüssen hat sich Geschossmantel-Material im Lauf abgelagert.
❐ C Das Patronenmagazin war nicht vollständig gefüllt.

479 Warum muss der Oberhebel einer Kipplaufwaffe bei der Schussabgabe ganz geschlossen sein?

❐ A Es kommt zu Treffpunktlageveränderungen, weil beim Schuss der Verschlussabstand zu groß wird.
❐ B Die Belastung der Laufhaken wird sonst unzulässig hoch.
❐ C Bei Abgabe des Schusses kann sich der Verschluss öffnen, und es besteht dann erhebliche Verletzungsgefahr für den Schützen.

480 Was bedeutet der Ausdruck „Blitzsystem"?

❐ A ein für den Hersteller geschützter Markenname
❐ B ein System zum Erzielen kurzer Schussfolgen
❐ C ein System, bei dem die Schlossteile auf dem Abzugsblech montiert sind

481 Was sichert die Flügelsicherung bei der Repetierbüchse Mauser 98?

- ❐ A Abzug
- ❐ B Abzugstollen
- ❐ C Schlagbolzen

482 Was bedeutet die Senkrechtstellung des Sicherungsflügels beim Repetierbüchsensystem Mauser 98?

- ❐ A gesichert
- ❐ B gesichert und der Verschluss lässt sich öffnen
- ❐ C entsichert

483 Was bewirkt der Stecher?

- ❐ A das Auswerfen abgeschossener Patronenhülsen
- ❐ B einen geringen Abzugswiderstand
- ❐ C einen höheren Abzugswiderstand

484 Was ist ein Einstecklauf?

- ❐ A ein kleinkalibriger Büchsenlauf, der in einen Flintenlauf eingesetzt wird
- ❐ B ein Hilfsgerät bei starken Rostnarben
- ❐ C ein Gerät zur Verkürzung der Patronenlagerlänge

485 Was versteht man gebräuchlich unter Schonzeitwaffen?

- ❐ A Waffen, die für schwache Büchsen- oder Schrotpatronen eingerichtet sind
- ❐ B Waffen, die einem eingeschränkten Beschuss unterliegen
- ❐ C wertvolle Waffen, deren Material einer besonderen Schonung und Pflege bedarf

486 Was versteht man unter einer gebrochenen Waffe?

- ❐ A die Gravur der Waffe hat ein unterbrochenes Muster (Arabesken).
- ❐ B der Schaft der Waffe ist durch äußere Gewalteinwirkung an der schwächsten Stelle zerbrochen.
- ❐ C die Kipplaufwaffe ist geöffnet.

487 Was werden beim Greener-Verschluss verriegelt?

- ❐ A ausschließlich zwei Laufhaken
- ❐ B nur eine nach hinten verlängerte Laufschiene mittels eines Querriegels
- ❐ C zwei Laufhaken und die verlängerte Laufschiene

488 Welche Aufgabe hat der Umschaltschieber beim Normaldrilling?

- ❐ A Abkippen der Läufe
- ❐ B Umschaltung von Kugel auf Schrot und umgekehrt
- ❐ C Sicherung der Schlagbolzenfedern

489 Welche Folge ergibt sich, wenn die Läufe Ihres Drillings starke Rostnarben aufweisen?

- ❐ A Der Drilling darf nicht verwendet werden.
- ❐ B Der Drilling kann durch Schüsse gereinigt werden.
- ❐ C Der Drilling kann uneingeschränkt verwendet werden.

490 Welche hauptsächlichen Arten von Stechern kennen wir?

- ❐ A der deutsche Stecher (meist bei Büchsen)
- ❐ B der französische Stecher (Rückstecher) bei kombinierten Waffen
- ❐ C die Saufeder

491 Welche Schlosskonstruktion hat eine Hahnflinte?

- ❒ A Kastenschloss
- ❒ B Blitzschloss
- ❒ C Seitenschloss

492 Welche Sicherungen bei Kipplaufwaffen gibt es?

- ❒ A Schlagstücksicherung
- ❒ B Stangensicherung
- ❒ C Abzugssicherung

493 Welche Vorteile bietet eine kombinierte Waffe mit separater Kugelspannung?

- ❒ A die Abzugswiderstände verringern sich deutlich.
- ❒ B die Waffe lässt sich sicherer handhaben und führen.
- ❒ C der Büchsenlauf hat eine bessere Präzision.

494 Welchen Lauf einer handelsüblichen Doppelbüchse löst der vordere Abzug aus?

- ❒ A den rechten Lauf
- ❒ B den linken Lauf
- ❒ C die Waffe doppelt

495 Welches der nachgenannten Verschlusssysteme findet bei Doppelflinten Verwendung?

- ❒ A Greenerverschluss
- ❒ B Blockverschluss
- ❒ C Zylinderverschluss

496 Wie bezeichnet man den Verschluss bei Repetierbüchsen (z. B. Mauser 98, Sauer 80 usw.)?

- ❒ A Zylinderverschluss
- ❒ B Blockverschluss
- ❒ C Drehblockverschluss

497 Wie hoch sollen die Abzugswiderstände bei Flinten sein?

- ❒ A etwa 5 N (0,5 Kp)
- ❒ B etwa 18 N (1,8 Kp)
- ❒ C etwa 40 N (4,0 Kp)

498 Wirkt sich ein lockerer Verschluss einer kombinierten Waffe auf die Kugelschussleistung aus?

- ❒ A ja
- ❒ B nein
- ❒ C nur beim Schießen mit Zielfernrohr

499 Woran erkennt man das Vorhandensein eines Stechers?

- ❒ A am Stecherschräubchen
- ❒ B am rotgefarbten Abzug
- ❒ C an der seitlichen Schaftmarkierung („S")

500 Wozu dienen Laufhaken?

- ❒ A zum Aufhängen der Jagdwaffe
- ❒ B zum Einhaken des Zielfernrohrs in die Montage
- ❒ C zum Verschließen von Kipplaufwaffen

501 Was versteht man unter „Doppeln"?

- ❐ A das Treffen von zwei Hasen mit einem Schuss
- ❐ B schnell aufeinanderfolgendes Betätigen der beiden Abzüge einer Flinte
- ❐ C das gleichzeitige Lösen von zwei Schüssen, wenn bei einer mehrläufigen Waffe nur einmal der Abzug betätigt wird

502 Wie wird ein Hahngewehr sachgerecht entspannt?

- ❐ A durch gleichzeitiges Betätigen der beiden Abzüge
- ❐ B Hahngewehre können nur durch Abschießen der Läufe entspannt werden.
- ❐ C durch Festhalten des Hahns, Betätigen des dazugehörigen Abzuges und vorsichtigem Herunterlassen des Hahns

503 Welches Gewehr verwenden Sie zur Erlegung eines Gamsbockes in einem hochalpinen Bergrevier?

- ❐ A Drilling 8 x 57 JRS,12/70
- ❐ B Bockbüchsflinte 9.3 x 74 R,16/65
- ❐ C Repetierbüchse 6.5 x 68

504 Was versteht man unter Fischhaut?

- ❐ A Rostnarben am äußeren Lauf
- ❐ B geschnittene oder gepresste Aufrauhung am Pistolengriff und am Vorderschaft
- ❐ C Struktur an der Schaftkappe, damit der Schaft an der Schulter nicht rutscht

505 Worin besteht der Unterschied zwischen Patronenauszieher und Ejektor?

- ❐ A Es bestehen keine Unterschiede, es handelt sich nur um unterschiedliche Bezeichnungen derselben Sache.
- ❐ B Der Patronenauszieher zieht die Hülse ein Stück aus dem Patronenlager, der Ejektor wirft sie aus.
- ❐ C Der Patronenauszieher wird bei Kipplaufwaffen eingebaut, der Ejektor in Selbstladewaffen.

506 Was versteht man unter Schränkung?

- ❐ A den Winkel des Patronenlager-Übergangskegels
- ❐ B die seitliche Ausbiegung des Schaftes von der Längsachse des Gewehres
- ❐ C das Maß für die Treffpunktlagenabweichung von zwei aufeinanderfolgenden Büchsenschüssen

507 Welche Gefahr besteht, wenn eine Schrotpatrone mit 70 mm Hülsenlänge aus einer Flinte, deren Patronenlager nur für 65 mm lange Schrotpatronen gebohrt ist, verschossen wird?

- ❐ A Laufaufbauchung
- ❐ B Laufsprengung
- ❐ C es passiert nichts

508 Was ist bei einem Ölschuss zu beachten?

- ❐ A starke Rauchentwicklung
- ❐ B Treffpunktlageabweichung
- ❐ C gefährliche Gasdrucksteigerung

509 In welche Richtung verändert sich in der Regel die Treffpunktlage, wenn aus einem Drilling mit verlöteten Läufen 2 Schüsse kurz hintereinander aus dem Büchsenlauf abgefeuert werden?

- ❐ A überhaupt nicht
- ❐ B nach oben
- ❐ C nach unten

510 Bei welchem Flintenkaliber ist der Durchmesser des Laufes größer?

- ❐ A bei Kaliber 20/76
- ❐ B bei Kaliber 16/70
- ❐ C bei Kaliber 12/65

511 Was sind Damastläufe?

- ❒ A ausgebohrte Flussstahlstangen
- ❒ B Flintenläufe, die nur mit besonderen Textilwischern gereinigt werden dürfen
- ❒ C um einen Dorn aufwendig gedreht verschweißte Eisenbleche

512 Wie lässt sich waffenseitig die Streuung der Schrotgarbe beeinflussen?

- ❒ A durch ein besonders langes Patronenlager
- ❒ B durch Verwendung von zäh-elastischem Laufwerkstoff
- ❒ C durch die Gestaltung der Würgebohrung

513 Welche Vorteile hat ein freiliegender Büchsenlauf bei einer kombinierten Waffe?

- ❒ A die Wärmespannungen können die Treffpunktlage nicht beeinflussen.
- ❒ B es treten keine Laufschwingungen auf.
- ❒ C der Lauf lässt sich besser reinigen.

514 Was versteht man in der Waffentechnik unter einer „Zylinderbohrung"?

- ❒ A es ist der zylindrische Teil des Patronenlagers
- ❒ B die Führungsbohrung des Zylinderverschlusses bei Repetierbüchsen
- ❒ C Schrotlauf ohne Würgebohrung

515 Welcher Lauf einer Doppelflinte hat in der Regel die größere Mündungsverengung?

- ❒ A der linke Lauf
- ❒ B der rechte Lauf
- ❒ C beide Läufe haben gleiche Verengung

516 Stimmt die Treffpunktlage des Schrotschusses aus einem Drilling mit den aus denselben Läufen abgefeuerten Flintenlaufgeschossen immer überein?

- ❒ A sie stimmt zwangsläufig immer überein.
- ❒ B sie stimmt nur im Kaliber 12 überein.
- ❒ C sie kann zufällig übereinstimmen, was nicht die Regel zu sein braucht.

517 Warum hat die Laufbohrung eines Büchsenlaufes wendelförmige Züge und Felder?

- ❒ A sie dienen der Erhöhung der Laufstabilität.
- ❒ B sie vermitteln dem Geschoss eine Rotation um dessen Längsachse zur Verbesserung der Flugstabilität.
- ❒ C sie sorgen für eine bessere Ausnutzung des Gasdrucks.

518 Warum soll die Schäftung einer Flinte für den Jäger so angepasst sein, dass er beim Schießen die Laufschiene sieht?

- ❒ A damit das Korn in seiner vollen Größe zu sehen ist
- ❒ B damit das zu beschießende Ziel „aufsitzen" kann und nicht mit den Läufen abgedeckt wird
- ❒ C damit in Verbindung mit dem Korn besser gezielt werden kann

519 Was ist eine Doppelbüchse?

- ❒ A eine zweiläufige Flinte, die beim Schießen häufig „doppelt"
- ❒ B ein Repetiergewehr, dessen Magazin nur 2 Patronen aufnimmt
- ❒ C eine Waffe mit zwei gezogenen nebeneinanderliegenden Büchsläufen

520 Was hat eine kombinierte Waffe?

- ❒ A zwei Büchsenläufe unterschiedlichen Kalibers
- ❒ B ein Laufbündel mit Flinten- und Büchsenläufen
- ❒ C ein Laufbündel mit wenigstens drei Läufen

521 Was ist ein Doppelbüchsdrilling?

- ❒ A eine Waffe mit 3 Büchsenläufen gleichen Kalibers
- ❒ B eine Waffe mit 3 Büchsenläufen und jeweils unterschiedlichen Kalibern
- ❒ C eine Waffe mit 2 nebeneinander liegenden Büchsenläufen und einem darunter angebrachten Schrotlauf

522 Welche Laufzusammenstellung und -anordnung hat eine Büchsflinte?

- ❒ A zwei Kugelläufe liegen übereinander
- ❒ B ein Kugel- und ein Schrotlauf liegen nebeneinander
- ❒ C ein Kugel- und ein Schrotlauf liegen übereinander

523 Was bedeutet der Begriff Fangstange?

- ❒ A Teil einer Saufeder
- ❒ B Schlossteil bei Seitenschlossen als zusätzliche Sicherung
- ❒ C Stange zur Beseitigung hartnäckiger Laufverschmutzungen

524 Was versteht man unter dem Stoßboden der Kipplaufwaffe?

- ❒ A die Fläche der Basküle, an der das hintere Ende des Laufbündels oder Laufes anliegt
- ❒ B die Gesamtfläche der Schaftkappe
- ❒ C die Stelle, an der die Schlagbolzenspitze auf das Zündhütchen der Patrone schlägt

525 Welcher Verschluss hält den größten Gasdruck aus?

- ❒ A Kammerverschluss
- ❒ B Greenerverschluss
- ❒ C Kerstenverschluss

526 Was bedeutet das Beschusszeichen „N"?

- ❒ A die Waffe ist rauchlos beschossen, Nitrobeschuss
- ❒ B No, nicht zum Schießen geeignet
- ❒ C in Nürnberg beschossen

527 Mit welchem Jagdgewehr kann man 3 Schüsse hintereinander abgeben, ohne den Verschluss öffnen zu müssen?

- ❒ A Selbstladeflinte
- ❒ B Selbstspannerdoppelflinte
- ❒ C Repetierbüchse Heerenbüchse

528 Was versteht man unter einer „Selbstladeflinte"?

- ❒ A eine Flinte, die nach dem Schuss die leere Patronenhülse automatisch auswirft und die neue Patrone sofort wieder lädt
- ❒ B eine einläufige Flinte
- ❒ C eine Pump-gun

529 Wo liegt bei Flinten meistens die Sicherung?

- ❒ A auf dem Kolbenhals, bei einigen auch im Abzugsbügel
- ❒ B am Lauf
- ❒ C am Magazin

530 Aus welchem Holz werden hochwertige Jagdgewehrschäfte gefertigt?

- ❒ A aus Ulmenmaserköpfen
- ❒ B aus stark verkienten Kiefernstubben
- ❒ C aus Nußbaumwurzelmaserholz

531 Welche Vorteile haben Kunststoffschäfte?

- ❒ A geringeres Gewicht, pflegeleicht, preisgünstig
- ❒ B wesentlich besseres Aussehen
- ❒ C Kunststoffschäfte lassen sich von Hand nach den Körpermaßen passgerecht verformen

532 Was sind blanke oder kalte Waffen?

- ❒ A sogenannte nicht brünierte „Allwetterwaffen" aus rostfreiem Stahl
- ❒ B aufgesetzte Keilerwaffen des Schwarzwildes
- ❒ C Weidmesser, Weidblatt, Saufeder, Hirschfänger

533 Wozu dient die Säge an einem Jagdmesser?

- ❒ A sie ist ein wichtiges Hilfsmittel beim Bau von Jagdeinrichtungen
- ❒ B um die Schlossnaht beim Aufbrechen älteren Schalenwildes zu durchtrennen
- ❒ C sie ist beim Zerwirken von Wildbret unerläßlich

534 Geschosse im S-Kaliber gibt es ...

- ❒ A im 8 mm Bereich
- ❒ B im 7 mm Bereich
- ❒ C im 5,6 mm Bereich

535 Im Kaliber 7 x 64 wird die größte Reichweite der Geschosse erzielt bei einem Lauferhöhungswinkel von ...

- ❒ A 33 Grad
- ❒ B 43 Grad
- ❒ C 53 Grad

536 Kann man aus einem Büchsenlauf des Kalibers 6.5 x 57 R auch die Patrone 6.5 x 68 R verschießen?

- ❒ A ja
- ❒ B nein
- ❒ C nur mit besonderer Genehmigung

537 Lassen sich Büchsenpatronen des Kalibers 8 x 57 IRS aus Läufen des Kalibers 8 x 57 IR verschießen?

- ❒ A nein, das Kaliber 8 x 57 IR ist geringer
- ❒ B ja, ohne Bedenken
- ❒ C ja, das Geschoss „flattert" aber wegen des großeren IR-Kalibers

538 Sie verschießen 3 mm starke Schrote. Welche Distanz muss als „gefährliche Schussweite" berücksichtigt werden?

- ❒ A 100 m
- ❒ B 200 m
- ❒ C 300 m

539 Warum soll der Jäger von seiner Büchsenmunition immer einen gewissen größeren Vorrat einkaufen?

- ❒ A um sicherzustellen, dass die Munition gut abgelagert ist
- ❒ B um gleichbleibende Ergebnisse aus der Waffe zu haben
- ❒ C um Rabatte in Anspruch nehmen zu können

540 Was bedeutet die Patronenbezeichnung .308 Win.?

- ❒ A Pulverladung in Gramm
- ❒ B die Angabe des Kalibers in Zoll
- ❒ C Durchmesser des Patronenbodens in Zoll

541 Was ist die „Laborierung"?

- ❒ A die Zusammensetzung der Patronenladung
- ❒ B Beschusszeichen auf der Patrone
- ❒ C die Zwischenmittel bei der Schrotpatrone

542 Was versteht man unter dem Kaliber einer Kugelwaffe?

- ❒ A Baujahr
- ❒ B Innendurchmesser des Laufes, gemessen von Feld zu Feld
- ❒ C Innendurchmesser des Laufes, gemessen von Zug zu Zug

543 Welche Angaben befinden sich auf dem Boden einer Patronenhülse?

- ❒ A die Kaliberbezeichnung
- ❒ B den Geschosstyp
- ❒ C den Hersteller

544 Welche Büchsenpatronen sind Schonzeitpatronen?

- ❒ A .22 lang für Büchsen
- ❒ B .22 Winch. Magn.
- ❒ C 5,6 x 57 R

545 Welche Patrone ist für den Schuss auf Rehwild die geeignetste?

- ❒ A 7 x 57 R Teilmantel-Rundkopf 9,0
- ❒ B 9,3 x 64 Original Brenneke TUG 19,0
- ❒ C Flintenlaufgeschoss Brenneke Kal.12

546 Welche Patronen werden aus Einsteckläufen verschossen?

- ❒ A 9,3 x 72 R
- ❒ B .30-06
- ❒ C .22 lfB und .22 Magnum

547 Welchem mm-Kaliber entspricht die Patrone .222 Remington?

- ❒ A 5,6 mm
- ❒ B 6,5 mm
- ❒ C 7,0 mm

548 Welchen Einfluss haben Ablagerungen von Geschossmaterial im Büchsenlauf?

- ❒ A sie beeinflussen die Schussleistung
- ❒ B sie ergeben ein größeres Mündungsfeuer
- ❒ C sie verbessern die Wirkung der Geschosse

549 Wie muss die Kaliberangabe „.30-06" interpretiert werden?

- ❒ A die „06" weist darauf hin, dass das Kaliber im Jahre 1906 eingeführt wurde
- ❒ B eine Büchsenpatrone dieses Kalibers hat einen Gasdruck von 3006 bar
- ❒ C die Angabe bezieht sich auf eine Büchsenpatrone mit dem Kaliber .30 Zoll = 7,62 mm.

550 Sie sind zu einer Kesseltreibjagd auf Hasen eingeladen. Welche (Blei-) Schrotdicke sollte nicht verwendet werden?

- ❒ A 3,0 mm
- ❒ B 3,5 mm
- ❒ C 4,0 mm

551 Auf einer Schrotpatrone deutschen Fabrikats steht für die Schrotgröße die Zahl „6". Wie groß ist der Schrotdurchmesser in mm?

❒ A 2 3/4 mm

❒ B 3 mm

❒ C 3,5 mm

552 Welche Schrotstärke verwendet man zweckmäßigerweise für die Jagd auf Rebhühner?

❒ A 2 1/2 mm

❒ B 3 1/2 mm

❒ C 4 mm

553 In welcher Schrotpatrone der Schrotstärke 3,5 mm befinden sich die wenigsten Schrotkörner?

❒ A Kaliber 20/70

❒ B Kaliber 16/70

❒ C Kaliber 12/65

554 Gibt es Schrotpatronen, die aus 65 und 70 mm langen Patronenlagern risikolos verschossen werden können?

❒ A nein

❒ B Schrotpatronen mit 65 mm und 67,5 mm Hülsenlänge können ohne jegliche Folgen auch aus 65 mm und 70 mm langen Patronenlagern verschossen werden

❒ C Hülsenlänge und Patronenlagerlänge haben keinerlei Einfluss aufeinander

555 Worauf bezieht sich die Längenangabe bei der Bezeichnung einer Schrotpatrone?

❒ A auf eine abgeschossene Hülse

❒ B auf die nicht abgeschossene Patrone

❒ C auf die Höhe der Bodenkappe

556 Auf der Verpackung von Schrotpatronen finden Sie neben der Markenbezeichnung Angaben, die Sie zur Wahl der richtigen Patrone für Ihr Gewehr und die Jagd auf eine bestimmte Wildart benötigen. Welche sind diese?

❒ A Kaliber

❒ B Hülsenlänge

❒ C Schrotstärke

557 Was sind „Streupatronen"?

❒ A Büchsenpatronen, deren Geschosse große Streuungen aufweisen

❒ B Schrotpatronen, deren Schrote gegenüber den sonst üblichen Patronen mehr streuen

❒ C Patronen, deren ballistische Eigenschaften starken Schwankungen unterworfen sind

558 Aus welchen Flintenläufen haben Streupatronen die beste-Wirkung?

❒ A Zylinderbohrung

❒ B Halbchokebohrung

❒ C Vollchokebohrung

559 Bis zu welcher Entfernung reicht die Schusspräzision von Flintenlaufgeschossen aus, um sie auf Frischlinge bei Beachtung der Weidgerechtigkeit verwenden zu können?

❒ A 120 m

❒ B bis zu 80 m

❒ C 45 m

560 Dürfen Blei-Flintenlaufgeschosse aus einem Vollchoke-Lauf abgefeuert werden?

❒ A nur dann, wenn die Flinte verstärkt beschossen worden ist

❒ B nein, um Beschädigungen an der Waffe zu vermeiden

❒ C ja

561 Wo spielen die Begriffe „Zugkaliber" und „Feldkaliber" eine Rolle?

- ❒ A bei Flintenläufen
- ❒ B bei Büchsenläufen
- ❒ C bei Flintenlaufgeschossen

562 Sind - ähnlich wie bei einer Schrotpatrone - auch in einer Büchsenpatrone Pulver und Geschoss durch einen Pfropfen getrennt?

- ❒ A ja
- ❒ B nein
- ❒ C nur in deutschen Patronen

563 Darf eine Patrone ohne Rand aus einer Kipplaufwaffe verschossen werden?

- ❒ A nur wenn die Waffe dafür ausgestattet ist
- ❒ B ja
- ❒ C nein

564 Welches Geschoss hat die größte Durchschlagskraft?

- ❒ A Brenneke-Flintenlaufgeschoss Kal.12
- ❒ B .300 Winchester Magnum, Teilmantel
- ❒ C .308 Winchester, Vollmantel

565 Welche Geschosse zerlegen sich im Wildkörper nicht?

- ❒ A Flintenlaufgeschoss
- ❒ B H-Mantel-Geschoss mit verdeckter Hohlspitze
- ❒ C Vollmantel-Geschoss

566 Welcher Geschosstyp stellt ein typisches Deformationsgeschoss dar?

- ❒ A TMR (Teilmantelrundkopf-Geschoss)
- ❒ B KS (Kegelspitz-Geschoss)
- ❒ C H-Mantel-Geschoss

567 Bis zu welcher Entfernung ist der Schrotschuss auf eine breit vorbeistreichende Stockente zuverlässig wirksam?

- ❒ A 75 m
- ❒ B 55 m
- ❒ C 35 m

568 Dürfen Stahlschrotpatronen aus allen Flintenläufen verschossen werden?

- ❒ A ja
- ❒ B nur, wenn der Lauf verstärkt beschossen worden ist
- ❒ C nur, wenn die Patronen bestimmte Bedingungen erfüllen

569 An welcher Stelle ist das Zündhütchen bei Randfeuerpatronen eingesetzt?

- ❒ A im Rand
- ❒ B kein Zündhütchen vorhanden
- ❒ C im Boden der Hülse, von außen nicht sichtbar

570 Bei welchem Kaliber werden fast ausschließlich Randfeuerpatronen verwendet?

- ❒ A Flintenlaufgeschosse Kal. 20
- ❒ B Büchsenpatronen Kal. 8 x 57 IR
- ❒ C KK-Patronen 22 l.r. (long rifle), 22 Magnum

571 Die Patrone 6,5 x 57 R ist ...

- ❒ A eine Patrone mit Randzündung
- ❒ B eine Patrone mit Zentralfeuerzündung
- ❒ C eine Patrone mit Rundzündung

572 In einer Schusstafel finden Sie die Angabe „E 100". Was ist darunter zu verstehen?

- ❒ A die Einschießentfernung von 100 m
- ❒ B die Kennzeichnung für die Flugbahnerhöhung bei 100 m Schussentfernung,
- ❒ C die Energie des Geschosses in Joule bei 100 m Schussentfernung

573 Mit welchem Schrotdurchmesser schießt man in der Regel auf Winterfuchs und Wildgans?

- ❒ A 2,5 mm
- ❒ B 3,0 mm
- ❒ C 4,0 mm

574 Welches Pulver wird in Schrotpatronen verwendet?

- ❒ A langsam verbrennendes Pulver
- ❒ B schnell verbrennendes Pulver
- ❒ C ein Gemisch aus beiden Arten

575 Welche Breitenausdehnung etwa hat eine Schrotgarbe auf 100 m Entfernung (bei einer Schrotstärke von 2,5 mm)?

- ❒ A 2 m
- ❒ B 6 m
- ❒ C 18 m

576 Wie unterscheiden sich die Revolverpatronen 357 Magnum und 38 Spezial?

- ❒ A im Zug- und Feldkaliber
- ❒ B im Geschossgewicht
- ❒ C in der Hülsenlänge

577 Was ist ein Nachbrenner?

- ❒ A eine verzögerte Schussentwicklung
- ❒ B die Bezeichnung für ein besonders intensives Mündungsfeuer
- ❒ C das Verglühen von unverbrannten Pulverteilchen im Lauf

578 Wo sitzt der Kugelschuss bei einem linksverkanteten Gewehr im Ziel?

- ❒ A hoch links
- ❒ B tief links
- ❒ C tief rechts

579 Welche Einstellung wählen Sie bei einem variablen Zielfernrohr für den Schuss auf flüchtiges Schalenwild?

- ❒ A 1 1/2 fache Vergrößerung
- ❒ B vierfache Vergrößerung
- ❒ C sechsfache Vergrößerung

580 Bei welcher Entfernung passt ein ausgewachsenes Reh vom Stich bis zum Spiegel zwischen die waagerechten Balken eines Absehens 1, das sich in der Objektivbildebene des Zielfernrohres befindet?

- ❒ A 50 m
- ❒ B 100 m
- ❒ C 150 m

581 Was versteht man beim Zielfernrohr unter „zentriertem Absehen"?

- ❐ A Das Absehen verändert optisch nicht seine Mittellage, wenn die Höhen- und Seitenverstellung betätigt wird.
- ❐ B Das Absehen ist bereits auf die günstigste Einschießentfernung zentriert.
- ❐ C Das Absehen ist auf 150 m Schussentfernung parallaxefrei.

582 Beim Kugelschuss durch das Zielfernrohr sitzt der Schuss zu tief. Schrauben Sie zur Korrektur den Zielstachel höher oder tiefer?

- ❐ A höher
- ❐ B tiefer
- ❐ C nach rechts

583 Beim Kugelschuss durch das Zielfernrohr sitzt der Schuss zu weit rechts. In welche Richtung muss der Zielstachel zur Korrektur verstellt werden?

- ❐ A nach rechts
- ❐ B nach links
- ❐ C nach oben

584 Welche Eigenschaft eines Jagdglases ist für die Jagdausübung von größerer Bedeutung als die Lichtstärke?

- ❐ A das Gewicht des Glases
- ❐ B die Vergrößerung
- ❐ C die Dämmerungsleistung

585 Welche nachstehenden Angaben beeinflussen bei einem Zielfernrohr dessen Dämmerungsleistung?

- ❐ A der Durchmesser des Okulars
- ❐ B die Dicke des Absehens
- ❐ C der Durchmesser des Objektivs

586 Bei welcher Vergrößerung eines variablen Zielfernrohres (1 ½ - 6 fach) ist das Sehfeld größer?

- ❐ A 1 1/2 fach
- ❐ B 6 fach
- ❐ C das Sehfeld bleibt immer gleich

587 Was bedeutet die Angabe 7 x 42 bei einem Fernglas?

- ❐ A 42-fache Vergrößerung, 7 cm Objektivdurchmesser
- ❐ B 7-fache Vergrößerung, 42 mm Objektivdurchmesser
- ❐ C 7-fache Vergrößerung, 42 mm Okulardurchmesser

588 Was versteht man unter „offener Visierung"?

- ❐ A das freie Schussfeld zwischen Laufmündung und Ziel
- ❐ B das Zielen über Kimme und Korn
- ❐ C Zielfernrohre mit besonderem Sehfeld

589 Auf was ist besonders zu achten, wenn beim Schießen mit dem Zielfernrohr gezielt wird?

- ❐ A es darf kein Gegenlicht sein
- ❐ B das Absehen muss in der Mitte stehen
- ❐ C es darf ein Hindernis, das sich in Laufhöhe befinden könnte, nicht übersehen werden

590 Auf welche Entfernung bezieht sich die Angabe für ein Fernglas „Sehfeld 145 m"?

- ❐ A 100 m
- ❐ B 500 m
- ❐ C 1000 m

591 Dürfen Sie ein Widderlamm mit einer Büchsenpatrone im Kaliber 5,6 x 57 R erlegen?

- ❒ A ja
- ❒ B nein
- ❒ C nur im Notfall

592 Welche Büchsenpatronen dürfen zur Jagd auf Schwarzwild verwendet werden?

- ❒ A 5,6 x 50 Magnum
- ❒ B 7 x 57
- ❒ C 9,3 x 72 R

593 Welche Mündungsenergie muss ein Geschoss für den Fangschuss auf Schalenwild mindestens haben?

- ❒ A 400 Joule
- ❒ B 200 Joule
- ❒ C 1000 Joule

594 Zu welchem Zweck darf ein Jäger seine Faustfeuerwaffe gebrauchen, wenn die Mündungsenergie der verwendeten Geschosse unter 200 Joule liegt?

- ❒ A Fangschuss auf krankes Schalenwild, das sich nicht mehr fortbewegen kann
- ❒ B Schuss auf den gegrabenen Fuchs oder Dachs
- ❒ C Töten des eigenen, altersschwachen Hundes im Revier

595 Darf ein Revierinhaber vor Aufgang der Bockjagd in seinem Jagdrevier seine Repetierbüchse anschießen?

- ❒ A ja, ohne weiteres
- ❒ B nur mit Erlaubnis der Kreisverwaltungsbehörde
- ❒ C nein, das Anschießen der Jagdwaffen ist nur auf Schießstätten erlaubt

596 Was wird beim amtlichen Beschuss einer Handfeuerwaffe geprüft?

- ❒ A die Handhabungssicherheit
- ❒ B die Maßhaltigkeit
- ❒ C die vorgeschriebene Kennzeichnung der Waffe

597 Was ist ein Beschusszeichen?

- ❒ A Zeichnen des Wildes nach dem Schuss
- ❒ B Markierung der Anschussstelle
- ❒ C Beschussstempel des staatlichen Beschussamtes auf allen wesentlichen Teilen der Waffe

598 Sind Selbstladewaffen zur Jagdausübung zugelassen?

- ❒ A nein
- ❒ B generell ja
- ❒ C nur wenn sie lediglich dreischüssig sind, d.h. wenn das Magazin nur max. zwei Patronen aufnimmt

599 Warum darf aus einer alten Doppelflinte, welche den Beschussstempel „N" nicht trägt, mit den heute für die Jagd allgemein gebräuchlichen Schrotpatronen nicht geschossen werden?

- ❒ A die Waffe entspricht nicht mehr den gesetzlichen Vorschriften.
- ❒ B das heute verwendete rauchlose Pulver entwickelt gegenüber dem früher verwendeten Schwarzpulver einen höheren Gasdruck und deshalb ist die Gefahr der Laufsprengung gegeben.
- ❒ C die Schrotpatronen sind länger geworden.

600 Ist zum Erwerb oder Besitz eines Einstecklaufes im Kaliber .22 lfB für einen Drilling eine waffenrechtliche Erlaubnis (Ausstellung einer oder Eintragung in eine Waffenbesitzkarte) erforderlich?

- ❒ A ja
- ❒ B nein
- ❒ C nach Landesrecht unterschiedlich geregelt

601 Ab wann können Sie bei streichenden Enten den Stockerpel frühestens einwandfrei von der Ente unterscheiden?

- ❒ A ab August
- ❒ B ab Oktober
- ❒ C ab Dezember

602 Am Anschuss auf ein Stück Schalenwild finden Sie braunroten, klebrigen Schweiß. Wo kann die Kugel sitzen?

- ❒ A Drosselschuss
- ❒ B Schuss durch das kleine Gescheide
- ❒ C Leberschuss

603 An welchem inneren Organ lässt sich beim Federwild sehr oft eine Krankheit erkennen?

- ❒ A Herz
- ❒ B Leber
- ❒ C Niere

604 An welchem Organ sitzt die bei einigen Wildarten vorhandene Galle?

- ❒ A Milz
- ❒ B Bauchspeicheldrüse
- ❒ C Leber

605 An welchen Körperteilen wurde ein Fasan getroffen, wenn er steil hochsteigt (himmelt)?

- ❒ A an der Lunge oder am Auge
- ❒ B an einem Ständer
- ❒ C an einer Schwinge

606 An welchen Leitern sind aufgenagelte Sprossen zulässig?

- ❒ A an senkrecht stehenden Leitern
- ❒ B an geneigt stehenden Leitern
- ❒ C an allen Leitern

607 Auf einem Rehbockanschuss finden Sie hellroten, blasigen Schweiß. Auf welchen Schuss deutet dies hin?

- ❒ A Weidwundschuss
- ❒ B Lungenschuss
- ❒ C Wildbretschuss

608 Auf was wird der Zuwachs beim Schwarzwild bezogen?

- ❒ A auf den Bestand weiblicher Stücke
- ❒ B auf den Gesamtbestand
- ❒ C auf Frischlinge und Überläufer beider Geschlechter

609 Auf welche heimische Wildarten werden Treibjagden abgehalten?

- ❒ A Schwarzwild
- ❒ B Feldhasen
- ❒ C Fuchs

610 Auf welche Trefferlage lässt beim Rehwild heftiges Ausschlagen mit den Hinterläufen schließen?

- ❒ A Trägerschuss
- ❒ B Tiefblattschuss
- ❒ C Weidwundschuss

611 Auf welche Trefferlagen lässt beim Rehwild sofortiges Zusammenbrechen schließen?

- ❒ A Kopf-, Hals- und Trägerschuss
- ❒ B Dornfortsätze der Hals- und Rückenwirbel
- ❒ C zentraler Blattschuss

612 Auf welche Wildart kann man neben anderen Jagdarten das Buschieren mit Aussicht auf Erfolg anwenden?

- ❒ A Baummarder
- ❒ B Wildgänse
- ❒ C Fasan

613 Auf welche Wildart wird die Lockjagd ausgeübt?

- ❒ A auf Rehwild und Fuchs
- ❒ B auf Kaninchen und Fasan
- ❒ C auf Schwarzwild und Hase

614 Auf welche Wildarten wird die Lockjagd ausgeübt?

- ❒ A Ringeltauber
- ❒ B Fasanenhahn
- ❒ C Kaninchen

615 Auf welche Wildarten wird die Suchjagd angewendet?

- ❒ A auf Rebhuhn, Fasan und Hase
- ❒ B auf Schalenwild
- ❒ C auf den balzenden Ringeltauber

616 Auf welches Wild wird die Lockjagd mit der Muschel ausgeübt?

- ❒ A Rehwild
- ❒ B Rotwild
- ❒ C Fuchs

617 Auf wieviel kg beläuft sich bei der Ricke in der Regel das Durchschnittsgewicht aufgebrochen?

- ❒ A 8 bis 10 kg
- ❒ B 13 bis 16 kg
- ❒ C 20 bis 24 kg

618 Aus der Härte der Schlossnaht bei Rehwild kann man Schlüsse ziehen auf ...

- ❒ A auf die Wildbretqualität
- ❒ B das Alter des Stückes
- ❒ C auf den Gesundheitszustand

619 Bei der Lockjagd werden vom Jäger auch Lautäußerungen des Wildes und anderer Tiere nachgeahmt. Bei welchen der nachgenannten Wildarten sind es die Lautäußerungen des männlichen Wildes?

- ❒ A Ringeltaube
- ❒ B Rehwild
- ❒ C Rotwild

620 Bei der Lockjagd werden vom Jäger die Lautäußerungen des Wildes nachgeahmt. Bei welcher Wildart ist es die Stimme des weiblichen Wildes?

- ❒ A Gamswild
- ❒ B Rehwild
- ❒ C Auerwild

621 Bei einem dicht abgestellten Waldtreiben (Schussentfernung max. 25 m) schießt ihr Nachbar auf Hasen mit 4 mm Schrot. Sie halten das für:

- ❐ A leichtsinnig im Interesse der allgemeinen Sicherheit
- ❐ B zweckmäßig, weil man damit besser kleine Büsche und Gras durchschießen kann
- ❐ C unweidmännisch, weil die Deckung ungenügend ist

622 Bei einer Feldtreibjagd müssen Sie einen Graben überspringen. Wie verhalten Sie sich?

- ❐ A beim Überwinden von Hindernissen müssen die Läufe (Patronenlager) entladen sein
- ❐ B das Gewehr ist zu sichern
- ❐ C das gesicherte Gewehr ist einem Treiber zu übergeben, der es nachreicht

623 Bei einer Hasenjagd ertönt das Signal „Treiber in den Kessel"?

- ❐ A Die Schützen entladen die Waffen und warten auf das Signal „Jagd vorbei".
- ❐ B Die Schützen bleiben stehen, die Treiber gehen weiter in Richtung der Mitte des Kessels.
- ❐ C Die Schützen dürfen weiterhin nach innen und außen schießen.

624 Bei einer Waldtreibjagd rutscht ein von Ihnen krankgeschossener Hase in eine Bodenvertiefung, so dass Sie ihn nicht mehr sehen können: Wie verhalten Sie sich?

- ❐ A sofort hinlaufen, um den Hasen zu töten
- ❐ B nach Verständigung der beiden Nachbarschützen hinlaufen, um den Hasen zu töten
- ❐ C auf dem Stand verbleiben und nach Beendigung des Treibens mit einem brauchbaren Hund zur Anschussstelle gehen

625 Bei welche Wildart spielt sich das Brunftgeschehen ohne Rudelbildung ab?

- ❐ A Rotwild
- ❐ B Rehwild
- ❐ C Damwild

626 Bei welchem Teil des Balzliedes wird der Auerhahn so gut wie taub?

- ❐ A Knappen
- ❐ B Triller
- ❐ C Wetzen

627 Bei welchem Wetter ist die Wahrscheinlichkeit, den Winterfuchs im Bau anzutreffen, am größten?

- ❐ A klare Sonne, Frost
- ❐ B Schnee, Frost
- ❐ C Regen, Wind

628 Bei welchem Wild muss der Schlund beim Aufbrechen verknotet werden?

- ❐ A beim gesamten Schalenwild
- ❐ B beim wiederkäuenden Schalenwild
- ❐ C beim Auerwild

629 Bei welchen Wildarten dürfen Sie beim Aufbrechen oder Ausweiden das Herauslösen der Gallenblase aus der Leber nicht vergessen?

- ❐ A Rehwild
- ❐ B Tauben
- ❐ C Muffelwild

630 Bei welchen Wildarten ist eine Untersuchung auf Trichinen erforderlich?

- ❐ A nur Raubwild
- ❐ B Allesfresser und Fleischfresser, wenn deren Wildbret oder Kern zum Genuß für den Menschen verwendet werden soll
- ❐ C nur Schwarzwild

631 Bei welcher Krankheit ist die Genußtauglichkeit des Wildbrets ausgeschlossen?

- ❒ A Magenwurmbefall
- ❒ B Hautdasseln
- ❒ C Tuberkulose

632 Bei welcher Niederwildart findet man das „Strohsche" Zeichen an den Vorderläufen eines Jungtieres?

- ❒ A beim Wildkaninchen
- ❒ B beim Dachs
- ❒ C beim Hasen

633 Bei welcher Schalenwildart ist eine Gallenblase zu entfernen?

- ❒ A Damwild
- ❒ B Sikawild
- ❒ C Schwarzwild

634 Bei welcher Wildkrankheit ist das Wildbret des befallenen Tieres als Lebensmittel ungeeignet?

- ❒ A Befall mit Lungenwürmern
- ❒ B Befall mit Magen- und Darmwümiern
- ❒ C Brucellose

635 Bei welcher Witterung verhitzt nicht versorgtes Wild erfahrungsgemäß besonders schnell?

- ❒ A bei trocken-kalter Winterluft
- ❒ B bei nasskaltem Regenwetter
- ❒ C bei feuchtwarmer Gewitterluft

636 Darf eingegangenes Wild (Fallwild) für den menschlichen Verzehr freigegeben werden?

- ❒ A nur nach amtstierärztlicher Untersuchung
- ❒ B nur wenn es keine auf den Menschen übertragbare Krankheit hatte
- ❒ C in keinem Fall

637 Darf man bei einer Entenjagd von einem Boot aus schießen

- ❒ A nein
- ❒ B Ja, wenn das Boot gegen Umschlagen gesichert ist
- ❒ C Nur wenn eine weitere Person mit im Boot ist

638 Das „Lüften" der Blätter verhindert ein Verhitzen des Wildbrets im Bereich der Schulter. Ab wieviel Kilogramm Aufbruchgewicht ist das „Lüften der Blätter" angebracht?

- ❒ A bei allem Schalenwild unabhängig vom Aufbruchgewicht
- ❒ B nur bei Schwarzwild über 35 kg Aufbruchgewicht
- ❒ C bei Schwarzwild über 35 kg und Hirschartigen über 40 kg Aufbruchgewicht

639 Der Bereich der weidgerechten Schussentfernung beim Schrotschuss auf Nutzwild beträgt etwa:

- ❒ A 0 bis 20 m
- ❒ B 10 bis 35 m
- ❒ C 10 bis 60 m

640 Der Steinmarder lebt häufig in Feldscheunen. Welche Möglichkeiten zu seiner Bejagung kennen Sie?

- ❒ A ausklopfen
- ❒ B Fallenjagd
- ❒ C Einsatz von Hunden

641 Der Waschbär ist erfolgreich nur mit der Falle zu bejagen. Kann der Jäger die Neugier des Waschbären beim Fang ausnützen?

- ❒ A nein, dazu ist er zu vorsichtig
- ❒ B ja, durch Sichtköder (z. B. blanke Blechbüchsen)
- ❒ C ja, aber nur im Winter

642 Der Waschbär ist in unserer Wildbahn unerwünscht. Welche Jagdart auf ihn verspricht den meisten Erfolg?

- ❒ A Ansitz
- ❒ B Drückjagd
- ❒ C Fallenjagd

643 Die Innenorgane eines frisch aufgebrochenen Rehes weisen wucherartige Veränderungen auf. Dürfen Sie als Erleger des Rehes das Wildbret ohne weiteres veräußern?

- ❒ A nein, aber es darf der Eigenverwertung zugeführt werden
- ❒ B nein, weil es sich hier vermutlich um genußuntaugliches Wildbret handelt
- ❒ C es bestehen keine Bedenken, das Wild zu veräußern

644 Die Schrotgröße Nr. 5 (3 mm) verwendet man in der Regel zur Jagd auf ...

- ❒ A Rebhühner und Schnepfen
- ❒ B Enten, Fasane und Hasen
- ❒ C Winterfüchse und Dachse

645 Dürfen Schlachtabfällen an eine Schwarzwildkirrung verbracht werden

- ❒ A ja
- ❒ B nein
- ❒ C nur geringe Mengen

646 Ein Anschussbruch besteht aus ...

- ❒ A zwei gekreuzt übereinander gelegten Zweigen
- ❒ B einem nicht gefegten Zweig, der mit dem abgeschnittenen Ende im Boden steckt
- ❒ C einem allseits gefegten Zweig, der zu einem Kreis zusammengelegt wird

647 Ein kreisrund gebogener bis an die Spitze befegter armlanger Zweig hängt in Kopfhöhe an einem Baum. Um was handelt es sich?

- ❒ A Warnbruch
- ❒ B Fährtenbruch
- ❒ C Wartebruch

648 Ein Stück Schalenwild erhält einen Krellschuss. Was wurde getroffen?

- ❒ A die Leber
- ❒ B Dornfortsatz eines Rückenwirbels
- ❒ C die Laufknochen

649 Eine überalterte Rehgeiß und ihr schwaches Kitz sind zu erlegen. In welcher Reihenfolge tätigen Sie den Abschuss?

- ❒ A zuerst die Geiß, anschließend das Kitz
- ❒ B zuerst das Kitz, anschließend die Geiß
- ❒ C beide zusammen, wenn sie genau hintereinanderstehen, mit einem Schuss

650 Früher wurde die Hüttenjagd ausgeübt. Was für eine Jagdart war das?

- ❒ A auf die Wintergams, bei der man in Almhütten übernachtete?
- ❒ B auf Rabenvögel mit Hilfe eines lebenden Uhus?
- ❒ C auf streichende Ringeltauben mit Lockvögeln aus einem Unterstand?

651 Für welche Jagdart verwendet man ein Herakleumrohr?

- ❐ A für die Damhirschjagd
- ❐ B für die Rufjagd auf den Rothirsch
- ❐ C für die Lockjagd auf Jungtauber

652 Für wen besteht die Pflicht zur Trichinenbeschau?

- ❐ A für alles Schwarzwild
- ❐ B für über einjähriges Schwarzwild
- ❐ C für Keiler und Bachen

653 Gibt es Ausnahmen bei der Fleischuntersuchung für an den Wildgroßhandel geliefertes Haarwild?

- ❐ A ja, zur Feststellung des Geschlechts verbleibt das Haupt am Wildkörper
- ❐ B ja, Schalenwild, außer Schwarzwild, unterliegt nur einer eingeschränkten Untersuchung
- ❐ C nein

654 Halten Sie einen 5 – 6jährigen Sechsender-Rothirsch für hegbar?

- ❐ A ja
- ❐ B nein
- ❐ C manchmal

655 Hase und Wildkaninchen sind sachgemäß versorgt, wenn ...

- ❐ A ihnen lediglich die Blase ausgedrückt ist
- ❐ B ihnen die Blase ausgedrückt ist und sie an einer Stange mit den Hinterläufen aufgehängt sind
- ❐ C sie ausgeweidet sind

656 In der abendlichen Dämmerung wird ein Rehbock beschossen, der ohne zu zeichnen flüchtig abgeht. Wie verhalten Sie sich?

- ❐ A sofort den Hund zur Nachsuche ansetzen
- ❐ B Stand und Anschuss sind zu kennzeichnen; die Nachsuche erfolgt am anderen Morgen
- ❐ C sie untersuchen mit der Taschenlampe den Anschuss, um danach mit der Nachsuche zu beginnen

657 In welcher Situation wird der Schweißhund bei einem krankgeschossenen Stück Schalenwild regelmäßig geschnallt?

- ❐ A unmittelbar nach dem Schuss
- ❐ B am Anschuss
- ❐ C am warmen (letzten) Wundbett

658 Ist ein gesund erscheinendes Stück Schalenwild tauglich zum Eigenverbrauch, wenn beim Aufbrechen Lungenwürmer festgestellt werden?

- ❐ A ja
- ❐ B nein
- ❐ C

659 Ist ein Hase, der beim Abbalgen eine grüne Bauchdecke aufweist, untersuchungspflichtig?

- ❐ A Nein, dies ist ein Zeichen der Fleischreifung.
- ❐ B Nein, die Bauchdecke von Hasen hat immer eine grüne Färbung.
- ❐ C Ja, es handelt sich um ein bedenkliches Merkmal.

660 Ist es auch im Winter nötig, Schalenwild unverzüglich aufzubrechen?

- ❐ A nicht bei Frost unter minus 10°
- ❐ B nur bei einem Weidwundschuss
- ❐ C ja, in jedem Fall

661 Kann ein Tierkörper, der nach der Fleischuntersuchung mit „minderwertig" beurteilt wurde, der weiteren Verwertung in der Küche zugeführt werden?

- ❒ A nein
- ❒ B ja
- ❒ C

662 Mit welchem Organ ist der Schlund verwachsen?

- ❒ A Luftröhre
- ❒ B Herz
- ❒ C Leber

663 Mit welchem Organ ist die bei einigen Wildarten vorhandene Gallenblase verwachsen?

- ❒ A Milz
- ❒ B Bauchspeicheldrüse
- ❒ C Leber

664 Mit welcher Maßnahme schützt man unbeteiligte Menschen vor Gefährdungen und vor Unfällen beim Aufstellen von Totschlagfallen?

- ❒ A Sperrung des Jagdbezirkes
- ❒ B Aufstellen der Fallen in Fangbunkern und Fanggärten mit Warnbeschilderung
- ❒ C ortsübliche Bekanntmachung

665 Muss bei Gesellschaftsjagden ein Jagdleiter bestimmt werden?

- ❒ A ja
- ❒ B nein
- ❒ C

666 Nach dem Erlegen muss Haarwild, das für den menschlichen Genuss bestimmt ist, abgekühlt werden. Welche Körpertemperatur wird gefordert?

- ❒ A 18 Grad Celsius
- ❒ B 0 Grad Celsius
- ❒ C 7 Grad Celsius

667 Nach dem Signal „Treiber rein" darf ...

- ❒ A überhaupt nicht mehr geschossen werden
- ❒ B nur noch in den Kessel auf Flugwild geschossen werden
- ❒ C nur noch nach außerhalb des Kessels geschossen werden

668 Nach Entnahme der Innenorgane ist der Aufbruch ...

- ❒ A unverzüglich zu beseitigen
- ❒ B zum Luderplatz zu bringen
- ❒ C eingehend auf Veränderungen zu betrachten

669 Nach welchem Jagdsignal ist das Gewehr sofort zu entladen?

- ❒ A Treiber in den Kessel
- ❒ B Halt
- ❒ C Aufhören zu Schießen

670 Nennen Sie Verhaltensweisen, wodurch der erwachsene Rehbock sein Einstandsgebiet markiert!

- ❒ A er plätzt (scharrt)
- ❒ B er fegt (schlägt)
- ❒ C er setzt Losung auf einem Baumstumpf ab

671 Sie beabsichtigen, eine Baujagd auf Füchse durchzuführen. Wie setzen Sie den Erdhund an und wo stehen die Schützen?

- ❒ A Die Schützen werden Rücken an Rücken auf dem Bau angestellt und der Erdhund mit scharfem Kommando an der größten Röhre des Baues angesetzt.
- ❒ B Der Bau und seine unmittelbare Umgebung ist nicht zu betreten, der Erdhund wird auf Handzeichen aus etwa 20 m zum Bau geschickt; die Schützen stehen in knapper Schrotschussentfernung und verständigen sich mit Handzeichen.
- ❒ C Die Schützen werden auf die Fernwechsel gestellt; alle Röhren werden bis auf eine, in die der Hund geschickt wird, zugestopft.

672 Sie benutzen einen Pkw. Muss das Gewehr entladen sein?

- ❒ A nur wenn Sie mit dem Fahrzeug das Revier verlassen wollen
- ❒ B nur wenn noch weitere Personen mitfahren
- ❒ C ja, stets

673 Sie erlegen im November ein Rehkitz, das aufgebrochen 6 kg wiegt. Um was für ein Kitz handelt es sich?

- ❒ A um ein sehr schwaches Kitz
- ❒ B um ein normal entwickeltes Kitz
- ❒ C um ein starkes Kitz

674 Sie finden am Anschuss grünlich-braunen Schweiß sowie Darminhalt und -teile . Was ist getroffen?

- ❒ A Leber
- ❒ B Lunge
- ❒ C Gescheide

675 Sie finden im Revier auf einem Baumstumpf wurstförmige, in eine Spitze auslaufende 2 cm dicke Losung, die mit Haaren durchsetzt ist. Von welcher Wildart stammt die Losung?

- ❒ A Hermelin
- ❒ B Fuchs
- ❒ C Hase

676 Sie haben im Juli spät abends bei einer Außentemperatur von + 15 Grad C einen 19 kg schweren Rehbock erlegt. Wie lange dauert es mindestens, bis eine Temperatur von + 7 Grad C bei stiller Kühlung beginnend etwa 3 Stunden nach Erlegung erreicht wird?

- ❒ A 4 Stunden
- ❒ B 24 Stunden
- ❒ C 48 Stunden

677 Sie haben von einem erlegten Rehbock das Gehörn abgeschlagen. Wie lange wässern Sie es etwa, bevor Sie mit dem Abkochen beginnen?

- ❒ A 1 Stunde
- ❒ B 1 bis 2 Tage
- ❒ C 5 bis 6 Tage

678 Sie sitzen im Winter am Waldrand auf Fuchs an, führen eine Doppelflinte und haben Mauspfeife und Hasenquäke bei sich. Auf etwa 60 m schnürt auf der Wiese vor Ihnen ein Fuchs vorbei. Was ist am erfolgversprechendsten?

- ❒ A sofort schießen
- ❒ B Mauspfeife benutzen
- ❒ C Hasenquäke benutzen

679 Sie sollen ein erlegtes Stück Rehwild zerwirken. Wo schlagen Sie die Hinterläufe ab?

- ❒ A am Kniegelenk
- ❒ B am Sprunggelenk
- ❒ C am Zehengelenk

680 Sie sollen ein Rehgehörn auspunkten. Für welches Kriterium erfolgt dabei nach der Formel u.a. eine Bewertung?

- ❒ A Gewicht
- ❒ B Stangenumfang
- ❒ C Drehung der Stangen

681 Sie sollen nach einer Neuen Schwarzwild kreisen. Woran können Sie in der Regel die Fährte des vertraut ziehenden Schwarzwildes erkennen?

- ❒ A am kommaförmigen Geäfterabdruck
- ❒ B an der Form des Abdruckes der Einzelschale
- ❒ C am Fädlein

682 Sie stellen beim Aufbrechen eines Stückes Schalenwild Veränderungen an den inneren Organen fest. Was ist zu tun?

- ❒ A Das Stück ist sofort der Tierkörperbeseitigung zuzuführen.
- ❒ B Das Stück und die inneren Organe sind der Fleischuntersuchung zuzuführen.
- ❒ C Die inneren Organe dürfen erst nach einstündiger Garzeit verzehrt werden.

683 Sie wollen die Keilerwaffen herauslösen; wo setzen Sie den Trennschnitt im Unterkiefer?

- ❒ A beim Austritt der Gewehre aus dem Unterkiefer
- ❒ B hinter den Schneidezähnen
- ❒ C hinter der Backenzahnreihe

684 Soll man einen geflügelten Fasan, der außerhalb des Treibens in ausreichender Schussentfernung davonläuft, beschießen?

- ❒ A ja
- ❒ B nein
- ❒ C nur mit Zustimmung des Jagdleiters

685 Von welcher Wildart werden gelegentlich auch die Eingeweide verzehrt?

- ❒ A Ringeltaube
- ❒ B Stockente
- ❒ C Waldschnepfe

686 Wann darf der Schütze seine Waffe bei einer Treibjagd laden?

- ❒ A wenn die Treiber Aufstellung genommen haben
- ❒ B wenn er seinen Stand eingenommen hat
- ❒ C wenn das Treiben angeblasen wurde

687 Wann darf ein Stück Schalenwild beschossen werden?

- ❒ A wenn der Träger (Hals des Wildes) frei und gut sichtbar ist
- ❒ B wenn es in nicht zu großer Entfernung breit steht und nicht durch Hindernisse verdeckt ist
- ❒ C wenn es auf kurze Distanz im Bett sitzt

688 Wann dürfen Sie bei der Drückjagd mit der Büchse keinen Schuss auf Wild abgeben?

- ❒ A wenn das Hintergelände keinen sicheren Geschossfang darstellt.
- ❒ B wenn sich Treiber in gefahrbringender Nähe befinden.
- ❒ C wenn ein weidwund geschossenes Stück anwechselt.

689 Wann hat sich bei der Treibjagd ein Schütze mit seinen Nachbarn zu verständigen?

- ❒ A nach Einnehmen des Standes
- ❒ B beim Angehen
- ❒ C unmittelbar vor der Schussabgabe

690 Wann ist der Reifeprozess des Wildbrets beendet?

- ❒ A 2 bis 3 Stunden nach dem Erlegen
- ❒ B nach Lösen der Totenstarre
- ❒ C wenn die Bauchdecke eine bläuliche Färbung angenommen hat

691 Wann ist der Wildkörper zerwirkt?

- ❒ A wenn die Decke entfernt ist
- ❒ B wenn bei Trophäenträgern das Haupt entfernt ist
- ❒ C wenn der aus der Decke geschlagene Wildkörper zerlegt ist

692 Wann ist die Fallenjagd sinnvoll?

- ❒ A zur Niederwildhege durch Reduktion von Raubwild
- ❒ B Reduktion von gebietsfremden und invasiven Arten (zum Beispiel Waschbär)
- ❒ C zur Munitionsersparnis

693 Wann ist die Rehdecke am wertvollsten?

- ❒ A im Herbst
- ❒ B im Winter
- ❒ C im Sommer

694 Wann ist Wild nach dem Erlegen aufzubrechen?

- ❒ A nach 4 Stunden, wenn es ausgekühlt ist
- ❒ B bevor es der Jäger abtransportiert
- ❒ C unverzüglich, d. h. bis ca. 1 Stunde nach der Erlegung

695 Wann liegt bei frisch erlegten Wild in jedem Fall eine Erkrankung vor?

- ❒ A bei starker Blutfüllung der Brandadern
- ❒ B bei Äsungsbestandteilen in der Luftröhre
- ❒ C bei knotiger Durchsetzung der Leber mit weißlichen Gebilden

696 Wann muss Haarwild der amtlichen Fleischuntersuchung zugeführt werden?

- ❒ A eine amtliche Fleischuntersuchung ist erforderlich, wenn für den menschlichen Genuß beim Wildbret bedenkliche Merkmale festgestellt werden.
- ❒ B eine amtliche Fleischuntersuchung ist immer erforderlich.
- ❒ C eine amtliche Fleischuntersuchung ist bei Wild nicht erforderlich.

697 Wann muss mindestens ein brauchbarer Jagdhund eingesetzt werden?

- ❒ A bei jeder Jagd
- ❒ B bei jeder Such-, Drück-, Treib-, Schnepfen- und Wassergeflügeljagd
- ❒ C bei jeder Hasen- und Federwildjagd

698 Wann sind mangelhafte Teile an Hochsitzen zu erneuern?

- ❒ A unverzüglich
- ❒ B jährlich einmal
- ❒ C in Abständen von 4 Wochen

699 Wann sind mit Kastenfallen am ehesten Fangergebnisse zu erzielen?

- ❒ A wenn sie nicht mehr neu sind
- ❒ B wenn sie auf Zwangswechseln stehen
- ❒ C wenn sie nicht verblendet sind

700 Wann soll bei Einzeljagd die Nachsuche auf einen angeschossenen Hasen beginnen?

- ❒ A sofort
- ❒ B nach 3 Stunden
- ❒ C am nächsten Morgen

701 Wann soll nach einem Leberschuss mit der Nachsuche begonnen werden?

- ❐ A unmittelbar nach dem Schuss
- ❐ B nach einer gewissen Wartezeit
- ❐ C frühestens nach 24 Stunden

702 Wann soll nach einem Weidwundschuss die Nachsuche begonnen werden?

- ❐ A unverzüglich
- ❐ B frühestens nach ca. 3 Stunden
- ❐ C frühestens nach 8 bis 10 Stunden

703 Wann sollte die Nachsuche nach einem Gebrechschuss beim Frischling begonnen werden?

- ❐ A nach einer Stunde
- ❐ B sofort
- ❐ C nach zwei bis drei Stunden

704 Wann spricht man von Wechselwild?

- ❐ A männliches Wild, das täglich einen bestimmten Wechsel einhält
- ❐ B Wild, das während der Jagdzeit nicht ständig im Revier steht
- ❐ C beschossenes Schalenwild, das über die Jagdbezirksgrenze gewechselt ist

705 Wann unterliegt erlegtes Haarwild der Fleischbeschaupflicht?

- ❐ A wenn es zum menschlichen Genuß verwendet werden soll
- ❐ B wenn der Revierinhaber es an andere Personen weitergibt
- ❐ C wenn es dem gewerbsmäßigen Handel zugeführt wird

706 Wann wird ein Jagdhund zum Verlorenbringen eines angeschossenen Hasen geschnallt?

- ❐ A nach Beendigung des Treibens
- ❐ B sofort nach dem Schuss
- ❐ C am darauffolgenden Tag

707 Wann wird zweckmäßigerweise nach dem Erlegen eines Gamsbockes der Bart gerupft?

- ❐ A vor dem Aufbrechen
- ❐ B unmittelbar nach dem Aufbrechen
- ❐ C nach der Lieferung zu Hause

708 Warum muss der Kropfinhalt bei Federwild bei der Versorgung umgehend entfernt werden?

- ❐ A wegen der einsetzenden Gärung
- ❐ B wegen der notwendigen Auskühlung
- ❐ C wegen der Bildung von Giften durch evtl. gebeiztes Saatgut

709 Warum müssen Fallen verblendet werden?

- ❐ A damit kein Schalenwild die Fallen eräugen kann
- ❐ B damit sie von unbefugten Personen nicht entdeckt, entwendet oder zerstört werden
- ❐ C damit streuende Hunde und Katzen keine Witterung erhalten

710 Warum sind die Brandadern bei Schalenwild aufzuschärfen (Längsschnitt)?

- ❐ A um schnelleres Auskühlen zu sichern
- ❐ B um die Haltbarkeit des Wildbrets zu erhöhen
- ❐ C um frische Blutproben nehmen zu können

711 Warum werden die Keilerwaffen beim Herrichten der Trophäe mit Epoxydharz ausgegossen?

- ❒ A damit sie nicht reißen
- ❒ B damit die Farbe erhalten bleibt
- ❒ C damit die Krümmung erhalten bleibt

712 Warum wird entgegen früherer Übung Federwild nicht mehr ausgehakelt, sondern aufgebrochen?

- ❒ A weil durch Abreißen des Kropfes Verdauungsflüssigkeit austritt, die das umgebende Wildbret verdirbt
- ❒ B weil der Darm vom Magen abgerissen wird und dabei Magen-Darm-Inhalt in die Bauchhöhle gelangt
- ❒ C weil die Gallenblase verletzt wird und die Galle in die Bauchhöhle gelangt

713 Darf krankes oder verletztes Wild während der Schonzeit erlegt werden?

- ❒ A ja, aber nur nach vorheriger behördlicher Genehmigung
- ❒ B ja, um Wild vor unnötigen Schmerzen zu bewahren
- ❒ C nein

714 Was bezeichnet man als Eingriffe?

- ❒ A tiefe Trittsiegel des Schalenwildes
- ❒ B Tätigkeiten der Jagdbehörden
- ❒ C Kratzspuren der Marder an der Baumrinde

715 Was bezeichnet man als Feist?

- ❒ A Fett im Wildkörper des Hirsches
- ❒ B Fett im Wildkörper von Schwarzwild
- ❒ C Zeichnen des Wildes nach dem Schuss

716 Was bezeichnet man als Fuchshaken?

- ❒ A der Haken zum Freilegen der Lunte beim Abbalgen
- ❒ B ein Gerät zum Öffnen der Schieber in einer Schliefenanlage
- ❒ C die Fangzähne im Ober- und Unterkiefer

717 Was gehört nicht zum sogenannten „kleinen Jägerrecht"?

- ❒ A Lunge
- ❒ B Leber
- ❒ C Decke

718 Was hat mit aufgefundenem Fallwild zu geschehen?

- ❒ A Ein Tierarzt muss prüfen, ob das Stück noch genußtauglich ist.
- ❒ B Das Stück ist bei der Ordnungsbehörde abzuliefern.
- ❒ C Es ist grundsätzlich als genußuntauglich anzusehen und unschädlich zu beseitigen.

719 Was hat mit dem Schwarzwild vor dem Abschwarten und Zerwirken zu geschehen?

- ❒ A Es ist gründlich auszuwaschen.
- ❒ B Es muss 8 Tage aufbewahrt werden, damit es „haut gout" erhält.
- ❒ C Es muss zur Trichinenbeschau.

720 Was hat mit nicht mehr benötigten, baufälligen Hochsitzen zu geschehen?

- ❒ A Sie müssen abgebaut werden.
- ❒ B Sie dürfen weiterhin stehen bleiben.
- ❒ C Sie sind durch ein Schild als baufällig zu kennzeichnen.

721 Was ist „Buschieren"?

- ❐ A Stöbern des Hundes in der Dickung
- ❐ B Suchen des Hundes im Wald unter der Flinte
- ❐ C Suchen des geschnallten Schweißhundes im Buschgelände

722 Was ist beim Besteigen eines Hochsitzes zu beachten?

- ❐ A die Waffe ist grundsätzlich in einem Futteral zu tragen.
- ❐ B die Läufe (Patronenlager) müssen entladen sein.
- ❐ C die Waffe ist zu sichern und mit nach oben getragener Mündung zu befördern.

723 Was ist der Aufbruch?

- ❐ A das Aufschärfen der Bauchdecke und das Aufbrechen (Durchtrennen der Schlossnaht
- ❐ B der aus dem Wildkörper entfernte Pansen mit Dünn-, Dickdarm und Blase
- ❐ C die gesamten herausgenommenen inneren Organe des Wildes

724 Was ist ein Fallensystem?

- ❐ A der Auslösemechanismus eines Abzugseisens
- ❐ B Bauart des Fangschlosses für eine Prügelfalle
- ❐ C ein Fallenpfad mit verschiedenen zulässigen Fallentypen

725 Was ist ein Fangbunker?

- ❐ A gesicherter Fangplatz für Abzugseisen
- ❐ B Vorratsraum für Fallen und Köder
- ❐ C Fangvorrichtung für den Lebendfang von Schwarzwild

726 Was ist ein Felsenbau?

- ❐ A ein Adlerhorst in einer Felswand
- ❐ B eine mit Steinen verblendete Kastenfalle
- ❐ C ein Fuchs- bzw. Dachsbau in felsigem Gelände

727 Was ist ein Frischlingsrechen?

- ❐ A Streifenmuster auf der Schwarte der Frischlinge
- ❐ B Wildretter im Forstbetrieb
- ❐ C nur für Frischlinge zugänglicher Bereich einer Schwarzwildfütterung

728 Was ist ein Hauptbruch?

- ❐ A Schaftbruch an der Kipplaufwaffe
- ❐ B ein Bruchzeichen zur Verständigung während der Jagd
- ❐ C eine frisch abgeworfene Geweihstange

729 Was ist ein Schirm?

- ❐ A Ansitzeinrichtung am Boden
- ❐ B mit lebendem Grün verblendete Kanzel
- ❐ C Regenschutz am Ansitz

730 Was ist ein Spurgang?

- ❐ A eine Revierbegehung zum Zweck des Abspürens, insbesondere bei Neuschnee
- ❐ B ein stark benutzter Fernwechsel des Rot- und Schwarzwildes
- ❐ C der „Pürschgang" des Fuchses an einem Bachufer

731 Was ist ein Totverweiser?

- ❐ A der Anschuss lässt auf tödliche Treffer schließen
- ❐ B Fährtenbild mit Schweiß
- ❐ C ein Hund, der dem Führer durch bestimmtes Verhalten den Fund des Stückes bekanntgibt

732 Was ist eine Saufeder?

- ❐ A die Gewehre eines jungen Keilers
- ❐ B die Ohrpinsel der Bache
- ❐ C ein langgeschäfteter Spieß

733 Was ist eine Streife?

- ❐ A Jäger und Treiber durchkämmen ein Gebiet in geschlossener Linie
- ❐ B das Abbalgen von Raubwild
- ❐ C das Durchstreifen eines Reviers bei der Suchjagd

734 Was ist eine wichtige Voraussetzung bei der Arbeit mit dem Erdhund im Fuchsbau?

- ❐ A der zum Einsatz kommende Erdhund sollte eine ausreichende Schutzimpfung haben.
- ❐ B es dürfen nicht mehr als drei Erdhunde gleichzeitig einschliefen (Beißerei).
- ❐ C für einen Bodeneinschlag müssen genügend Werkzeuge mitgeführt werden.

735 Was ist Fleischreifung?

- ❐ A Einpökeln der Keulen vom Wildschwein
- ❐ B Wildbret von alten Stücken
- ❐ C Veränderung des pH-Wertes ins saure Milieu

736 Was ist oberstes Grundprinzip des Fallenfanges?

- ❐ A Fanggeräte müssen unversehrt fangen oder sofort töten.
- ❐ B Raubwildfänger müssen einen 3-Wochen-Lehrgang besuchen.
- ❐ C es dürfen nur Füchse, Marder und verwilderte Katzen gefangen werden.

737 Was muss ein bei einer Waldtreibjagd angestellter Schütze wissen?

- ❐ A Standort der Nachbarschützen
- ❐ B Richtung des Treibens
- ❐ C Bedeutung der Signale

738 Was müssen Sie beim Abschwarten beachten, wenn Sie die Schwarte als Trophäe herrichten lassen wollen?

- ❐ A Nichtabschärfen der Borstenwurzeln
- ❐ B Abschärfen der Borstenwurzeln
- ❐ C Trennschnitte vermeiden

739 Was sind gebräuchliche Jagdarten auf Stockenten?

- ❐ A Stöbern
- ❐ B Anstand
- ❐ C Lockjagd

740 Was sind gebräuchliche Jagdarten auf den Fuchs?

- ❐ A Baujagd
- ❐ B Ansitz
- ❐ C Reizjagd

741 Was sind Jagdleitsignale?

- ❒ A Hornsignale für den geregelten Ablauf einer Jagd
- ❒ B letzte Ehre für das Wild
- ❒ C Fanfarensignale für bestimmte Wildarten

742 Was sind Malerfedern?

- ❒ A Federn am Stoß
- ❒ B Federn von der ersten Schwungfeder der Schnepfe
- ❒ C Federn im Bürzelbereich der Stockente

743 Was sind vom Baummarder häufig angenommene Tagesverstecke im Wald?

- ❒ A Höhlen in Bäumen
- ❒ B Reisighaufen
- ❒ C Holzstoß

744 Was verstehen Sie unter „Blattjagd"?

- ❒ A Lockjagd auf den Rehbock
- ❒ B Reizjagd mit dem Mauspfeifchen
- ❒ C Pirschjagd im Laubgehölz

745 Was verstehen Sie unter dem Begriff „Ausneuen"?

- ❒ A das Aussetzen von Rebhühnern im Revier
- ❒ B das Ausmähen von Gelegen
- ❒ C das Ausgehen einer Marderspur bei Neuschnee

746 Was verstehen Sie unter dem Begriff „kleines Gescheide"?

- ❒ A Innereien des Kitzes
- ❒ B Nieren und Leber vom Schalenwild
- ❒ C Dick- und Dünndarm des Schalenwildes

747 Was verstehen Sie unter einer Ansitzdrückjagd?

- ❒ A kombinierte Jagdart mit Jägern und Treibern
- ❒ B Baujagd mit Frettchen
- ❒ C böhmische Streife

748 Was verstehen Sie unter Verblenden eines Stückes Schwarzwild?

- ❒ A erlegtes Wild vor Sonneneinstrahlung schützen
- ❒ B erlegtes Wild gegen Anschneiden durch Raubwild und Sauen schützen
- ❒ C Wild unter Verwendung einer künstlichen Lichtquelle bejagen

749 Was versteht der Jäger unter „Himmeln"?

- ❒ A der Rothirsch wendet in Geweihhöhe Blätter und bricht Zweige
- ❒ B die Verehrung erfolgreicher Jägerinnen
- ❒ C beschossenes Federwild steigt steil hoch und stürzt verendet zu Boden

750 Was versteht man im Jagdbetrieb unter dem Begriff „Kreisen"?

- ❒ A planlose Suche des Vorstehhundes
- ❒ B Abfährten bei Neuschnee
- ❒ C der von der Faust geworfene Falke sucht das Gelände ab

751 Was versteht man unter „Aufbrechen"?

- ❒ A das Auseinanderziehen des Äsers in der Totenstarre
- ❒ B das Öffnen der Bauchhöhle beim Schalenwild und das Entfernen der inneren Organe
- ❒ C nur das Durchtrennen der Schlossnaht mit anschließendem Aufbrechen des Beckenknochens

752 Was versteht man unter „Zurückbleiben"?

- ❒ A das Zurückbleiben eines Vorstehhundes von geringer Passion während der Suchjagd
- ❒ B wenn die Trophäenentwicklung hinter den Erwartungen zurückbleibt
- ❒ C ein Fährtenzeichen des Rothirsches, wobei der Tritt des Hinterlaufes hinter dem des Vorderlaufes steht

753 Was versteht man unter dem Begriff „Lüften"?

- ❒ A freies Aufhängen von Hasen
- ❒ B Aufschärfen und Auseinandersperren der Bauchwand zum Zwecke des Auskühlens
- ❒ C Trocknen der Decke

754 Was versteht man unter der Lappjagd?

- ❒ A Jagd unter Verwendung von an Schnüren angebrachten Lappen (Tücher, Papierstreifen)
- ❒ B Baujagd mit Frettchen
- ❒ C Jagdart in Lappland

755 Was versteht man unter einem Marderschlagbaum?

- ❒ A in Stangenhölzern in Kopfhöhe eingebaute Marderfangvorrichtung
- ❒ B ein vom Baummarder häufig benutzter Stamm
- ❒ C Absicherungeines Marderfangbunkers

756 Was versteht man unter Fallwild?

- ❒ A eingegangenes Wild, bei dem Anzeichen äußerer Gewalt als Todesursache fehlen
- ❒ B Wild, das nur in besonderen Fällen verzehrt werden darf
- ❒ C Wild, das durch Verkehrsunfälle zu Tode kam

757 Was versteht man unter Lancieren?

- ❒ A das Abfangen von Schwarzwild
- ❒ B das Beitreiben von Fasanen
- ❒ C das Drücken eines einzelnen Hirsches auf der Kaltfährte

758 Was versteht man unter Nachsuche?

- ❒ A Man sucht mit dem Hund auf gesundes Wild, um es zu bejagen.
- ❒ B Man sucht mit dem Hund krankgeschossenes Wild.
- ❒ C Man sucht den Hund.

759 Was versteht man unter Suche?

- ❒ A Man sucht mit dem Hund auf gesundes Wild, um es zu bejagen.
- ❒ B Man sucht mit dem Hund krankgeschossenes Wild.
- ❒ C Man sucht den Hund.

760 Was versteht man unter verhitztem Wild?

- ❒ A Wild, das wegen mangelnder Auskühlung fleischhygienisch bedenklich ist.
- ❒ B Wild, das nach einer Hetze zur Strecke kam.
- ❒ C Wild, das bei großer Hitze zur Strecke kam.

761 Was versteht man unter Zeichnen des Wildes?

- ❐ A Schlegeln vor dem Verenden
- ❐ B Reaktion des Wildes bei und unmittelbar nach einer Geschosseinwirkung
- ❐ C die vom Rothirsch hervorgerufenen Himmelszeichen

762 Welche Baumart kommt für einen Bruch in Frage?

- ❐ A Lärche
- ❐ B Tanne
- ❐ C Esche

763 Welche Böcke sollen zu Beginn der Jagdzeit bevorzugt erlegt werden?

- ❐ A Jährlinge mit fingerlangen, nicht verfegten Spießen
- ❐ B Knopfböcke
- ❐ C Ernteböcke

764 Welche durchschnittliche Lagerzeit gilt für Reh- und mageres Hirschwildbret bei sachgerechter Verpackung und Lagerung bei einer stetigen Kühltemperatur von mindestens minus 18 Grad C?

- ❐ A bis zu 6 Monate
- ❐ B bis zu 8 Monate
- ❐ C 12 bis 24 Monate

765 Welche Falle eignet sich besonders für den tierschutzgerechten Fang des Fuchses?

- ❐ A die Conibearfalle
- ❐ B die Rohrfalle
- ❐ C das Eiabzugseisen

766 Welche Falle tötet sofort?

- ❐ A Kastenfalle
- ❐ B Marderschlagbaum
- ❐ C Schwanenhals

767 Welche Fallen fangen lebend unversehrt?

- ❐ A Kastenfalle
- ❐ B Marderschlagbaum
- ❐ C Schwanenhals

768 Welche Fallen werden in der Regel für den Fang von Füchsen eingesetzt?

- ❐ A Wippbrettfalle
- ❐ B Schwanenhals
- ❐ C Kastenfalle

769 Welche Färbung weist das Muskelfleisch eines verhitzten, anbrüchig gewordenen Stückes Wild auf?

- ❐ A schwarz
- ❐ B kupferrötlich
- ❐ C grünlich

770 Welche Fliegen legen ihre Eier in aufgebrochenes Wildbret?

- ❐ A Schmeißfliegen
- ❐ B Hirschlausfliegen
- ❐ C Fritfliegen

771 Welche Grundvoraussetzungen muss eine Kastenfalle besitzen?

- ❐ A genügende Größe, absolute Dunkelheit ohne scharfe Innenkanten
- ❐ B nur aus Holz mit einem Spezialfangschloss
- ❐ C hell, unten ausgepolstert, zugfrei

772 Welche inneren Organe von älteren Stücken Schalenwild sollten nicht verzehrt werden?

- ❐ A Herz
- ❐ B Leber
- ❐ C Nieren

773 Welche Jagdart beinhaltet „das Passen"?

- ❐ A Ansitz am Pass von Fuchs und Hasen
- ❐ B die Treibjagd
- ❐ C Passen bedeutet Aufgeben

774 Welche Jagdart gewährleistet den weidgerechtesten Ausleseabschuss?

- ❐ A die Ansitzdrückjagd
- ❐ B der Ansitz
- ❐ C die Pirsch

775 Wann sollte trotz Jagdzeit eine Treibjagd auf Hasen unterlassen werden?

- ❐ A der Hasenbesatz ist durch Witterung und Krankheit eingebrochen und zu gering.
- ❐ B um Füchse mit ausreichend Wild gut über den Winter zu bringen.
- ❐ C wenn kein brauchbarer Jagdhund für eine Nachsuche zur Verfügung steht.

776 Welche Jagdart ist von einem Jagdleiter zu leiten?

- ❐ A jede Jagdart mit mehr als einer Person ohne Treiber
- ❐ B jede Jagdart, auf der brauchbare Jagdhunde zum Einsatz kommen
- ❐ C eine Gesellschaftsjagd mit 7 Jägern und einigen Treibern

777 Welche Jagdart setzt genaue Kenntnis der Revierverhältnisse und der Lebensgewohnheiten des Wildes voraus?

- ❐ A die Drückjagd
- ❐ B das Waldvorstehtreiben
- ❐ C die Pirsch

778 Welche Jagdart wird als Böhmische Streife bezeichnet?

- ❐ A Schützen und Treiber gehen in Form eines nach vorne offenen Rechteckes vor.
- ❐ B die Schützen verbleiben auf ihren Ständen und die Treiber drücken ihnen das Wild zu.
- ❐ C Jäger und Treiber bilden einen großen Kreis.

779 Welche Jagdart wird speziell auf den Gamsbock angewendet?

- ❐ A Stöbern
- ❐ B Ansitz
- ❐ C Pirsch

780 Welche Jagdart zählt zu den Feldtreibjagden?

- ❐ A Stöbern
- ❐ B Kesseltreiben
- ❐ C Böhmische Streife

781 Welche Jagdarten sind auf Fasanen üblich?

- ❐ A Ansitzjagd
- ❐ B Treibjagd
- ❐ C Buschieren

782 Wann ist eine Drückjagd zu unterlassen?

- ❐ A bei akuter Notzeit aufgrund hoher Schneelage
- ❐ B bei leichtem Nieselregen
- ❐ C an Sonn- und Feiertagen

783 Welche Latschenfarbe haben die im ersten Lebensjahr stehenden Stockenten?

- ❐ A orange-rot
- ❐ B fahlgelb
- ❐ C bräunlich

784 Auf welche Maßnahme zur Verhinderung der Afrikanischen Schweinepest (ASP) ist besonders zu achten?

- ❐ A Wildschweine sollten grundsätzlich wenig bejagt werden.
- ❐ B Auf Jagdreisen ist zu verzichten.
- ❐ C Speisereste dürfen keinesfalls in die Natur gelangen oder gar an Kirrungen verfüttert werden.

785 Welche Monate sind für die Stangensuche geeignet?

- ❐ A August/September
- ❐ B Oktober/November
- ❐ C Februar/März

786 Welche Organe gehören zum Geräusch?

- ❐ A Herz
- ❐ B Lunge
- ❐ C Milz

787 Welche Organe können bei einem Weidwundschuss, den ein breit stehendes Stück Rotwild erhalten hat, durch den Geschosskern getroffen sein?

- ❐ A Lunge
- ❐ B Pansen
- ❐ C Gescheide

788 Welche Organe werden beim Ausweiden von Federwild entfernt?

- ❐ A Enddarm
- ❐ B Magen und Darm
- ❐ C Dünn- und Dickdarm

789 Welche Papiere hat der Jagdgast auf einer Gesellschaftsjagd mitzuführen?

- ❐ A Jagdschein
- ❐ B Waffenschein
- ❐ C Schriftliche Einladung

790 Welche Pflichten hat der Jagdleiter?

- ❐ A Kontrolle der Waffenbesitzkarte
- ❐ B Kontrolle des gültigen Jagdscheins
- ❐ C Kontrolle von Waffe und Munition

791 Welche Pirschzeichen können am Anschuss eines Stückes Schalenwild gefunden werden?

- ❒ A Schweiß
- ❒ B Schnitthaar
- ❒ C Knochensplitter

792 Welche Raubwildart wird gezielt mit dem Eiabzugseisen gefangen?

- ❒ A der Steinmarder
- ❒ B der Baummarder
- ❒ C der Fuchs

793 Welche Regelungen gelten beim Signal „Hahn in Ruh"?

- ❒ A Waffe entladen
- ❒ B es darf nur noch in den Kessel auf Flugwild geschossen werden.
- ❒ C es darf nicht mehr in den Kessel geschossen werden.

794 Welche Sicherheitsvorschrift gilt für Treiber?

- ❒ A Sie müssen jagdlich-zweckmäßig gekleidet sein.
- ❒ B Sie müssen zum Selbstschutz bei Drückjagden auf Schwarzwild mit „kalter Waffe" ausgerüstet sein.
- ❒ C Sie müssen sich deutlich farblich von der Umgebung abheben.

795 Welche Signale gehören zu den Leitsignalen?

- ❒ A Zum Essen
- ❒ B Hahn in Ruh
- ❒ C Jagd vorbei

796 Welche Signale werden zu Beginn einer Gesellschaftsjagd auf Schalenwild geblasen?

- ❒ A Zum Sammeln; Begrüßung; Aufbruch zur Jagd
- ❒ B Zum Sammeln; Zum Essen; Auf, auf zum fröhlichen Jagen
- ❒ C Das Ganze; Langsam treiben; Rechter Flügel vor; Aufmunterung im Treiben

797 Welche spezielle Fallenart verwendet man für den Wieselfang?

- ❒ A Röhrenfalle
- ❒ B Wippbrettfalle
- ❒ C Schlingsehnenzugfalle

798 Welche Tätigkeit ist ein Verstoß gegen die Weidgerechtigkeit?

- ❒ A Jagd auf eine Wildart während der Schonzeit
- ❒ B Übertreten der Strecke
- ❒ C Durchführen einer Treibjagd ohne Bläser

799 Welche Tiere werden für die Baujagd benützt

- ❒ A Rauhhaar-Teckel
- ❒ B Dachsbracke
- ❒ C Frettchen

800 Welche Wildtiere leben nach der Paarungszeit überwiegend gesellig?

- ❒ A erwachsene Auerhähne
- ❒ B Häsinnen und Feldhasen
- ❒ C Bachen mit Überläufern und Frischlingen

801 Welche Witterungsvoraussetzung ist für eine lebhafte Hirschbrunft am günstigsten?

- ❐ A warm bei bedecktem Himmel
- ❐ B kalt bei klarem Himmel
- ❐ C Dauerregen

802 Welche Witterungsvoraussetzungen sind zur Blattjagd besonders günstig?

- ❐ A kalt
- ❐ B heiß
- ❐ C schwül

803 Welche Ziele verfolgt der Jäger mit dem Abfährten?

- ❐ A Bestätigen von Wild in seinem Einstand
- ❐ B Erkunden und Erkennen der Wildwechsel
- ❐ C Schätzen des Wildbestandes

804 Welche zwingende Vorschrift enthält die Unfallverhütungsvorschrift „Jagd" über das Schießen mit Kugeln oder Flintenlaufgeschossen in das Treiben hinein?

- ❐ A Die Schützen dürfen in das Treiben nach eigenem Ermessen hineinschießen.
- ❐ B Die Schützen dürfen nur in das Treiben hineinschießen, wenn der Jagdleiter dies ausnahmsweise genehmigt hat.
- ❐ C Das Hineinschießen in das Treiben ist ausnahmslos verboten.

805 Welchen Nachteil haben geschlossene Kanzeln?

- ❐ A sie dürfen nur mit Genehmigung der Landschaftsbehörde errichtet werden.
- ❐ B die Beobachtungsmöglichkeit ist eingeschränkt.
- ❐ C sie können nur von einer Person bezogen werden.

806 Welcher Balg hat den geringsten Wert?

- ❐ A Iltis
- ❐ B Marder
- ❐ C Hase

807 Welcher Schnitt wird beim Aufbrechen des Schalenwildes zweckmäßig zuerst ausgeführt?

- ❐ A Kopfschnitt
- ❐ B Drosselschnitt
- ❐ C Bauchschnitt

808 Welcher Schuss erfordert in der Regel die schwierigste Nachsuche?

- ❐ A Leberschuss
- ❐ B Vorderlaufschuss
- ❐ C Lungenschuss

809 Welcher Schuss gilt als nicht weidgerecht?

- ❐ A Büchsenschuss spitz von hinten auf ein äsendes Schmalreh auf eine Entfernung von 60 m
- ❐ B Schrotschuss von hinten auf eine abstreichende Stockente bei einer Entfernung von etwa 25 m
- ❐ C Schrotschuss auf einen in 30 m Entfernung vorbeilaufenden, gesunden Fasanenhahn

810 Welcher Treffer ist zu vermuten, wenn ein Stück Rehwild auf den Schuss steil nach oben steigt und dann in rasender Flucht mit tiefem Haupt in die nahe gelegene Dickung flüchtet?

- ❐ A Leberschuss
- ❐ B Vorderlaufschuss
- ❐ C Blattschuss/Lungenschuss

811 Welcher Wildart gilt u. a. die Jagdart des „Ausklopfens"?

- ❐ A Elster und Rabenkrähe
- ❐ B Baum- und Steinmarder
- ❐ C Kaninchen beim Frettieren

812 Welches der nachgenannten, zum Jägerrecht gehörenden Organe des Rehwildes ist beim Aufbrechen vom Pansen zu trennen?

- ❐ A Milz
- ❐ B Nieren
- ❐ C Herz

813. Welches ist das im Jagdbetrieb vorrangig eingesetzte Jagdhorn?

- ❐ A Parforce-Horn
- ❐ B Sauerländer Halbmond
- ❐ C Pleß-Horn in B

814 Welches Organ liegt in der Bauchhöhle?

- ❐ A Lunge
- ❐ B Leber
- ❐ C Herz

815 Welches Organ liegt im Brustraum?

- ❐ A Milz
- ❐ B Blinddarm
- ❐ C Lunge

816 Welches Wild kann man brackieren?

- ❐ A Hase
- ❐ B Schneehase
- ❐ C Fuchs

817 Welches Wild wird abgeschwartet?

- ❐ A Dachs, Schwarzwild
- ❐ B Muffelwild, Gamswild
- ❐ C Fuchs, Marder

818 Welches Wildbret weist während der Brunft Geschlechtsgeruch auf?

- ❐ A Rehwild - Bock
- ❐ B Rotwild - Alttier
- ❐ C Damwild - Hirsch

819 Wer bestimmt auf einer Ansitzdrückjagd den Zeitpunkt der Nachsuchen auf krankgeschossenes Schalenwild?

- ❐ A der betreffende Schütze
- ❐ B der Schweißhundeführer
- ❐ C der Jagdleiter

820 Wer genehmigt die Fangjagd im Jagdbezirk auf Raubwild?

- ❐ A die Jagdgenossenschaft
- ❐ B der Amtstierarzt
- ❐ C der Jagdausübungsberechtigte

821 Wer ist für den Ablauf einer Waldtreibjagd verantwortlich?

- ❒ A der Jagdleiter
- ❒ B der Jagdausübungsberechtigte
- ❒ C der Obertreiber

822 Wer muss jährlich den Beitrag zur Unfallversicherung der landwirtschaftlichen Berufsgenossenschaft zahlen?

- ❒ A der Hegegemeinschaftsleiter
- ❒ B die untere Jagdbehörde
- ❒ C der Jagdausübungsberechtigte

823 Wer wird nach einer Gesellschaftsjagd vom Jagdleiter zum „Jagdkönig" ernannt?

- ❒ A der Erleger von einem Überläufer und 3 Frischlingen
- ❒ B der Erleger eines Damhirsches
- ❒ C der Erleger von 2 Stück Rotkahlwild

824 Wie groß ist der nicht sichtbare Teil der Gewehre (Hauer, Gewaff) im Unterkiefer eines Keilers?

- ❒ A ca. 1/5 der Gesamtlänge
- ❒ B ca. 1/3 der Gesamtlänge
- ❒ C ca. 2/3 der Gesamtlänge

825 Wie ist der Brunftfleck eines Rothirsches zu behandeln?

- ❒ A mit Wasser zu säubern
- ❒ B einsalzen mit Kaliumpermanganat
- ❒ C abzuschärfen

826 Wie ist ein Repetiergewehr beim Laden und Entladen zu halten?

- ❒ A mit der Mündung stets nach oben
- ❒ B mit der Mündung stets nach unten
- ❒ C die Mündung ist stets in eine Richtung zu halten, in der niemand gefährdet ist

827 Wie kann man den Fuchs anlocken?

- ❒ A Luderplatz
- ❒ B Anködern
- ❒ C Lockruf

828 Wie lange hält sich ein Reh in der Decke in einem Kühlraum bei einer Temperatur von 0 bis plus 2 Grad Celsius?

- ❒ A ca. 4 Wochen
- ❒ B ca. 1/4 Jahr
- ❒ C ca. 1/2 Jahr

829 Wie lange können sachgerecht versorgte Hasen und Wildkaninchen vor dem Abbalgen abhängen?

- ❒ A in einem Kühlraum bis zu 8 Tagen
- ❒ B in einem Kühlraum bis zu l4 Tagen
- ❒ C auch in einem Kühlraum nicht länger als 3 Tage

830 Auf welche Aspekte der Unfallverhütungsvorschriften ist bei Treib- und Drückjagden besonders zu achten?

- ❒ A der Jagdausübungsberechtigte muss vorher den Beitrag bei der Berufsgenossenschaft entrichtet haben.
- ❒ B alle Jagdteilnehmer tragen während der Jagd Warnkleidung
- ❒ C die Anwesenheit eines Rettungssanitäters ist während der Jagd erforderlich.

831 Wie sieht die gesunde Leber eines Rehes aus?

- ❒ A braun, glatt, glänzend
- ❒ B braun mit gelben Einschlüssen
- ❒ C braun mit kalkigen Gallengängen

832 Wie sieht ein Leitbruch aus?

- ❒ A halbarmlang, befegt
- ❒ B armlang, befegt
- ❒ C armlang, unbefegt

833 Wie sind Leitersprossen von Ansitzeinrichtungen zu befestigen?

- ❒ A mindestens abgeflacht mit zwei rechtwinklig eingeschlagenen 100er Nägeln
- ❒ B Aufgenagelte Sprossen sind nur an geneigt stehenden Leitern zulässig.
- ❒ C Sprossen sind in Kerben der Holme mit seitlichem Überstand zu nageln oder zu schrauben.

834 Wie sind Schalenwilddecken, die gegerbt werden sollen, fachgerecht zu behandeln, wenn sie nicht frisch in die Gerberei gebracht werden können?

- ❒ A zusammenrollen und luftdicht verschließen in einer Plastiktüte
- ❒ B Decken werden an der Luft getrocknet (über eine Stange gehängt) oder eingesalzen oder eingefroren
- ❒ C Decken werden in der Sonne gebleicht

835 Wie sollen bei Drückjagden die Stände der Schützen plaziert werden?

- ❒ A das Wild soll mit dem Wind am Schützen vorbeiziehen
- ❒ B das Wild soll gegen den Wind auf den Schützen zuziehen
- ❒ C das Wild soll gegen den Wind am Schützen vorbeiziehen

836 Wie verhalte ich mich, wenn nach Abblasen des Treibens ein sichtbar krank geschossener Hase noch das Weite sucht und vom Jagdleiter keine diesbezüglichen Maßnahmen festgelegt wurden?

- ❒ A Ich beschieße ihn unter Beachtung des Hintergrundes und der sich dem Sammelplatz nähernden Schützen.
- ❒ B Ich melde den Vorfall nach dem Schüsseltreiben dem Jagdleiter, der dann eine Nachsuche veranlaßt.
- ❒ C Ich informiere unmittelbar den Nachsuchenführer, der seinen brauchbaren Vorstehhund auf die Spur des Hasen mit dem Kommando „Apport" ansetzt.

837 Wie weit sollen die Zwischenräume bei einem Vorstehtreiben auf Hasen zwischen den einzelnen Schützen sein?

- ❒ A etwa 30 m
- ❒ B etwa 70 m
- ❒ C mehr als 100 m

838 Wie wird ein erlegter Hirsch gerecht zur Strecke gelegt und verbrochen?

- ❒ A auf die linke Körperseite, letzter Bissen, ohne Inbesitznahmebruch
- ❒ B auf dem Rücken, Blätter gelüftet und gespreizt, Wildkörper mit Fichtenreisig abgedeckt
- ❒ C auf die rechte Körperseite, letzter Bissen in den Äser, Inbesitznahmebruch auf den Wildkörper mit der gebrochenen Seite Richtung Haupt

839 Wie wird ein krankgeschossener, noch nicht verendeter Hase weidgerecht getötet?

- ❒ A durch Genickschlag mit der Handkante
- ❒ B durch Fangschuss
- ❒ C durch Anschlagen des Kopfes an einen harten Gegenstand

840 Wie wird erlegtes Raubwild transportiert?

- ❒ A nach Auskühlung im Folienbeutel
- ❒ B am Rucksack freihängend
- ❒ C offen im verschlossenen Kofferraum des Fahrzeugs wegen der Auskühlung

841 Wie zeichnet der Rehbock bei einem Vorderlaufschuss?

- ❒ A er knickt vorn ein und schlenkert beim Flüchten meist mit dem getroffenen Lauf
- ❒ B der Bock zieht mit gekrümmtem Rücken weg
- ❒ C der Bock schlägt mit den Hinterläufen aus und stürmt davon

842 Wie zeichnet ein in die Lunge getroffenes Stück Federwild?

- ❒ A durch langsames, schräges Herabfallen
- ❒ B durch steiles Emporfliegen (sog. Himmeln)
- ❒ C durch Hängenlassen der Ständer

843 Wie zeichnet ein Stück Schalenwild nach einem Krellschuss?

- ❒ A durch blitzartiges Zusammenbrechen
- ❒ B durch Ausschlagen mit den Hinterläufen
- ❒ C durch Flucht mit gekrümmtem Rücken

844 Wieviel Prozent des Wildbretgewichtes macht der Rücken (Ziemer) von einem Stück Rotwild (ohne Aufbruch und Haupt) etwa aus?

- ❒ A 3 %
- ❒ B 17 %
- ❒ C 35 %

845 Wieviel Prozent von der Gesamtmasse eines Stückes Schalenwild entfallen auf Geräusch und Gescheide?

- ❒ A ~ 10 %
- ❒ B ~ 25 %
- ❒ C ~ 50 %

846 Wieviel wiegt ein erwachsener Hase?

- ❒ A ca. 2 kg
- ❒ B ca. 4 kg
- ❒ C ca. 8 kg

847 Wieviele Teile sind für die Trichinenuntersuchung vom Schwarzwild zu entnehmen?

- ❒ A drei Teile
- ❒ B beliebig
- ❒ C 1 Teil

848 Wo befinden sich bei einem Stück Rotwild die zu öffnenden Brandadern?

- ❒ A zwischen Zwerchfell und Filets
- ❒ B an der Trägerunterseite
- ❒ C am Keulenansatz innen

849 Wo beginnt man als Hundeführer bei einer Nachsuche mit der Arbeit?

- ❒ A immer am Anschuss
- ❒ B an der Stelle an der das Wild in der Deckung verschwunden ist
- ❒ C dort wo der Schütze keinen Schweiß mehr finden konnte

850 Wo ist eine Rehgeiß getroffen, wenn man am Anschuss viel Schnitthaar und Hautfetzen findet?

- ❒ A Weidwundschuss
- ❒ B Streifschuss
- ❒ C Leberschuss

851 Wo wird der Hasenbart gewonnen?

- ❒ A aus den Schnurhaaren
- ❒ B am Bauch
- ❒ C über den ganzen Rücken

852 Wo wird der Saubart gerupft?

- ❒ A am Kragen
- ❒ B am Widerrist
- ❒ C über den ganzen Rücken

853 Wodurch entstehen Hexenringe?

- ❒ A bei der Einstandsmarkierung des Rehbocks
- ❒ B beim Treiben des Rehwildes in der Brunft
- ❒ C beim Rammeln des Feldhasen

854 Wodurch wird die Fäulnis des Wildbrets bewirkt?

- ❒ A durch Viren
- ❒ B durch Bakterien
- ❒ C durch Parasiten

855 Woran erkennen Sie ein weibliches Stück Rehwild im Winterhaar mit Sicherheit, wenn Sie den Spiegel sehen?

- ❒ A am Pinsel
- ❒ B an der Schürze
- ❒ C an der Haarfarbe

856 Worauf ist beim Abbalgen von Raubwild zu achten?

- ❒ A dass der Balg trocken ist
- ❒ B dass Ballen und Nägel am Balg bleiben
- ❒ C dass die Rübe nicht am Kern bleibt

857 Worauf ist beim Aufbrechen von Schalenwild zu achten?

- ❒ A dass die Nieren herausgenommen werden
- ❒ B dass die Blase nicht verletzt wird
- ❒ C dass das Zwerchfell nicht beschädigt wird

858 Worauf ist beim Aufbrechen von Schwarzwild zu achten?

- ❒ A dass die Gallenblase nicht zerstört wird
- ❒ B dass der Schlund verknotet wird
- ❒ C dass die Zwerchfellpfeiler im Stück verbleiben

859 Woraus besteht das kleine Jägerrecht?

- ❒ A Herz, Lunge, Leber, Nieren des Schalenwildes
- ❒ B Lecker, Lenden, Leber
- ❒ C Lecker, Lenden, Decke oder Schwarte, Geweih oder Gehörn, Keilerwaffen

860 Zum Frettieren werden üblicherweise verwendet ...

- ❒ A domestizierte Wiesel
- ❒ B domestizierte Iltisse
- ❒ C domestizierte Marder

861 An welchen Körperteilen ist am schnellsten die Stimmung des Hundes abzulesen?

- ❐ A an der Rute
- ❐ B an den Behängen
- ❐ C an den Pfoten

862 Aus wieviel Zähnen besteht im Normalfall das Gebiss eines ausgewachsenen Hundes?

- ❐ A 36 Zähnen
- ❐ B 42 Zähnen
- ❐ C 45 Zähnen

863 Warum entwickeln sich Hunde zu Problemhunden?

- ❐ A Probleme sind angewölft.
- ❐ B Urheber sind meistens Menschen.
- ❐ C Ursache ist meistens der Maulkorb.

864 Was bedeutet der Begriff „Führigkeit" bei einem Jagdhund?

- ❐ A das starke Ziehen des Hundes am Riemen bei der Schweißarbeit
- ❐ B die Bereitschaft des Hundes, mit seinem Führer bei der Suche Verbindung zu halten
- ❐ C das willige Gehen des angeleinten Hundes an der Seite des Führers, ohne zu ziehen

865 Was bedeutet die Aussage über einen Schweißhund: „Er steht im dritten Behang"?

- ❐ A es handelt sich um eine Altersbezeichnung
- ❐ B eine Äußerung bezüglich der Ohren des Hundes
- ❐ C der Hund ist riemenfest

866 Was bezeichnet man bei einem Jagdhund als „Fahne"?

- ❐ A Haarbehang an den Behängen
- ❐ B Haarbehang an der Rute
- ❐ C Haarbehang am Bauch

867 Was bezeichnet man beim Jagdhund als Nervenschwäche?

- ❐ A Schussscheue
- ❐ B Ungehorsam
- ❐ C schlechte Leinenführung

868 Was ist das Stockmaß?

- ❐ A das Maß für die Schulterhöhe des Hundes
- ❐ B das Maß für die richtige Länge des Schweißriemens
- ❐ C Zahl der Hiebe mit dem Stock nach einem Fehlverhalten

869 Was ist ein Apportierbock?

- ❐ A ein Dressurhilfsmittel zum Erlernen des Bringens
- ❐ B ein schwacher Rehbock, den ein Apportierhund tragen kann
- ❐ C ein Holzgestell, das der Hund beim Erlernen des Apportierens überspringen muss

870 Was macht einen gut geführten Jagdhund aus?

- ❐ A Gehorsam
- ❐ B guter Spurlaut
- ❐ C Schärfe

871 Was sind bei einem Jagdhund die „Fransen"?

- ❐ A die Haare an den Oberschenkeln
- ❐ B die langen Haare an den Behängen
- ❐ C die Haare an den Vorderläufen

872 Was sind natürliche Anlagen beim Jagdhund?

- ❐ A Nase, Spurlaut, Wesensfestigkeit
- ❐ B Bringfreudigkeit, Schnelligkeit, Gehorsam
- ❐ C Gehorsam, Suche mit hoher Nase, Wachsamkeit

873 Was versteht man unter „Ablegen des Hundes"?

- ❐ A das Ablegen von apportiertem Wild vor dem Führer
- ❐ B das Niederlegen und Ausharren des Hundes an einer befohlenen Stelle
- ❐ C das Niederlegen des Vorstehhundes, wenn er Wildwitterung bekommt

874 Welche Dressurübung ist die entscheidende für die Unterordnung des Hundes unter seinen Herrn?

- ❐ A „Sitz"
- ❐ B „Down"(Halt)
- ❐ C Apportieren

875 Welche Eigenschaft des Hundes ist angewölft?

- ❐ A Gehorsam
- ❐ B Apportieren
- ❐ C Wasserfreudigkeit

876 Welche Gebissform des Jagdhundes ist als fehlerhaft zu bezeichnen?

- ❐ A Vorbeißer
- ❐ B Scherengebiss
- ❐ C Rückbeißer

877 Welche Haarpflege ist für den Jagdhund erforderlich?

- ❐ A regelmäßiges Bürsten und Kämmen
- ❐ B tägliches Baden
- ❐ C überhaupt keine

878 Welches Mittel ist für die Hundezahnpflege geeignet?

- ❐ A harter Hundekuchen
- ❐ B spröde Geflügelknochen
- ❐ C feinkörniges Sandpapier

879 Wer kann einen krank erscheinenden Jagdhund von der Teilnahme an einer Gesellschaftsjagd ausschließen?

- ❐ A der anwesende Landeszuchtwart
- ❐ B der Jagdleiter
- ❐ C ein anwesender Tierarzt (Jäger)

880 Wer zeichnet für den Jagdhundeeinsatz bei einer Gesellschaftsjagd verantwortlich?

- ❐ A die untere Jagdbehörde
- ❐ B die untere Forstbehörde
- ❐ C der Jagdleiter

881 Wie groß muss ein Hundezwinger für zwei große Vorstehhunde sein?

- ❒ A mindestens 8 qm
- ❒ B mindestens 10 qm
- ❒ C mindestens 15 qm

882 Wie hält man in der Regel einen Jagdhund?

- ❒ A in der Wohnung
- ❒ B im Zwinger
- ❒ C an einem Laufdraht mit Kette

883 Wie heißt der Dachverband für die jagdkynologischen Organisationen?

- ❒ A Jagdgebrauchshundverband (JGHV)
- ❒ B Verband des Hundewesens (VDH)
- ❒ C Deutscher Jagdhundeverband (DJV)

884 Wie kann die Schärfe eine Jagdhundes festgestellt werden?

- ❒ A durch Schärfeprüfung
- ❒ B durch Verhalten des Jagdhundes am Raubwild im praktischen Jagdbetrieb
- ❒ C durch Verhalten des angeleinten Hundes beim Sichtigwerden von Wild

885 Wie lang muss ein brauchbarer Schweißriemen sein?

- ❒ A etwa 3 m
- ❒ B etwa 10 m
- ❒ C etwa 20 m

886 Wie oft ist ein ausgewachsener Hund mit Futter zu versorgen?

- ❒ A einmal
- ❒ B zweimal
- ❒ C dreimal

887 Wo werden bei einem Jagdhund gelegentlich Wolfsklauen entfernt?

- ❒ A an den Hinterläufen
- ❒ B an Vorderläufen
- ❒ C unterhalb der Analdrüse

888 An welcher Verhaltensweise des Hundes erkennt man Entzündungen des Gehörganges?

- ❒ A Schiefhalten des Kopfes
- ❒ B Schütteln des Kopfes
- ❒ C Kratzen am Behang

889 Darf ein Jagdhund in einem Tollwutsperrgebiet zur Jagd eingesetzt werden?

- ❒ A ja, wenn er termingemäß tollwutschutzgeimpft ist
- ❒ B nein, in Tollwutsperrgebieten herrscht generell Hunde- und Katzensperre
- ❒ C ja, mit Genehmigung des Amtstierarztes

890 Ein Hundebesitzer findet auf dem Schlafplatz seines Hundes reiskornförmige Gebilde. Worum handelt es sich?

- ❒ A eingetrocknete Bandwurmglieder
- ❒ B Floheier
- ❒ C um kleine Magensteine

891 In welchem Alter erfolgt die erste Schutzimpfung des Hundes?

- ❒ A im Alter von höchstens I4 Tagen
- ❒ B im Alter von höchstens 7 bis I0 Wochen
- ❒ C frühestens im Alter von 1 Jahr

892 In welchem Zeitabstand soll der Hund gegen Tollwut geimpft werden?

- ❒ A 1 Jahr
- ❒ B 2 Jahre
- ❒ C 3 Jahre

893 Ist es möglich, dass sich ein Erdhund bei der Bauarbeit mit Räude ansteckt?

- ❒ A ja
- ❒ B nein
- ❒ C

894 Welche Funktion haben Schwarzwildübungsgatter?

- ❒ A Jagdhunde werden an die Arbeit am Schwarzwild langsam und mit Einfühlungsvermögen herangeführt.
- ❒ B dienen insbesondere Jungjägern zum Erlernen der weidgerechten Jagd auf Schwarzwild.
- ❒ C sind Quarantänestationen für krankes Schwarzwild.

895 Nennen Sie Darmschmarotzer, die beim Jagdhund vorkommen können?

- ❒ A Spulwürmer
- ❒ B Bandwürmer
- ❒ C Regenwürmer

896 Warum sollen zeitgleich mit der Entwurmung auch Flöhe bekämpft werden?

- ❒ A weil der Bandwurm als Zwischenwirt für Hundeflöhe dient
- ❒ B weil der Hundefloh als Zwischenwirt für den Bandwurm dient
- ❒ C weil Flöhe sich auf wurmfreien Hunden besonders stark vermehren

897 Was bedeutet die Abkürzung „HD"?

- ❒ A Hüftgelenksdysplasie
- ❒ B Hungerdarm
- ❒ C Hormondefizite

898 Was ist bei Durchfall des Hundes als erste Hilfe ratsam?

- ❒ A Gabe von gemahlener Holzkohle
- ❒ B Sofortiges Füttern von geriebenem Apfel
- ❒ C Gabe von ungesüßtem schwarzen Tee

899 Was kann man tun, wenn der Hund einen kleineren unverdaulichen Gegenstand verschluckt hat?

- ❒ A Fleisch füttern
- ❒ B sofort Milch geben
- ❒ C Sauerkraut und Stampfkartoffeln füttern

900 Welche gefährliche Krankheit kann beim Verfüttern von rohem Schweinefleisch auf den Hund übertragen werden?

- ❒ A Maul- und Klauenseuche
- ❒ B Leberentzündung
- ❒ C Aujeszkysche Krankheit (Pseudowut)

901 Welche Hundekrankheiten sind besonders für Welpen bis 12 Wochen lebensbedrohlich?

- ❒ A Parvovirus, Staupe
- ❒ B Tollwut, Räude
- ❒ C Hüftgelenksdysplasie, Ektropium

902 Welche Krankheitserscheinung lässt auf eine Staupeerkrankung des Hundes schließen?

- ❒ A Rutschen auf den Keulen
- ❒ B erschwertes Lösen
- ❒ C Augen- und Nasenausfluss

903 Welcher Hundekrankheit beugt man durch Impfung vor?

- ❒ A Ohrenzwang
- ❒ B Stuttgarter Hundeseuche
- ❒ C Bandwurmbefall

904 Wer ist der Zwischenwirt für den kürbiskernförmigen Bandwurm?

- ❒ A der Hundefloh
- ❒ B der Mensch
- ❒ C der Hund selbst

905 Wie kann man die Übertragung von Bandwürmern durch Jagdhunde vermeiden?

- ❒ A durch Vermeidung von Kontakten mit anderen Hunden
- ❒ B durch Kotuntersuchungen, Wurmkuren und Zwingerhygiene
- ❒ C durch 1 m tiefes Vergraben oder Verbrennen des Hundekots

906 Wie wird der Tollwutvirus in der Regel auf den Hund übertragen?

- ❒ A durch Biss eines erkrankten Tieres
- ❒ B durch Einatmen der Viren
- ❒ C durch Aufnahme von Raubwildkot

907 Wodurch wird Hundestaupe hervorgerufen?

- ❒ A durch Viren
- ❒ B durch Wurmbefall
- ❒ C durch falsche Fütterung

908 Woran können Sie feststellen, dass der Hund Würmer hat?

- ❒ A stumpfes Haarkleid
- ❒ B schlechter Ernährungszustand
- ❒ C Rutschen auf den Keulen

909 Wovon sind Haarbalgmilben Erreger?

- ❒ A von Räude
- ❒ B von der Stuttgarter Hundeseuche
- ❒ C von Staupe

910 Was enthält ein Impfstoff (Vakzine) für Jagdhunde?

- ❒ A geschwächte oder abgetötete Erreger
- ❒ B Antikörper
- ❒ C Penicillin

911 Am Anschuss eines Stückes Rehwild finden Sie eindeutig Leberschweiß. Sie besitzen einen zuverlässigen Totverbeller. Wie führen Sie die Nachsuche durch?

- ❐ A der Hund wird umgehend am Anschuss geschnallt
- ❐ B der Hund wird nach Ablauf von 2 Stunden am Schweißriemen zur Nachsuche eingesetzt
- ❐ C die Nachsuche wird erst am nächsten Tag aufgenommen

912 Bei einer Herbstjagd ist ein deutlich erkennbar geflügelter Fasanenhahn in ein Rapsfeld mit ca. 0,5 m hohem Bewuchs gefallen. Was sollte bezüglich des Verlorenbringens geschehen?

- ❐ A nichts, weil bei derartigem Bewuchs ein Verlorenbringen erfolglos ist
- ❐ B es werden alle verfügbaren brauchbaren Hunde umgehend geschnallt
- ❐ C es wird baldmöglichst mit einem brauchbaren Hund nachgesucht

913 Bei welchen Jagdhunderassen wird Spurlaut unbedingt verlangt?

- ❐ A bei den Waldgebrauchshunden
- ❐ B bei den Feldgebrauchshunden
- ❐ C bei den Jagdhunden für die Wasserarbeit

914 Bei welchen jagdlichen Tätigkeiten arbeitet ein Vorstehhund mit hoher Nase?

- ❐ A bei der Feldarbeit mit Vorstehen
- ❐ B beim Buschieren
- ❐ C bei der Bauarbeit

915 Bei welcher Arbeit wird ein Jagdhund abgetragen?

- ❐ A wenn er bei der Bauarbeit versagt
- ❐ B wenn er bei der Nachsuche von der Schweißfährte abkommt
- ❐ C nach der Treibjagd

916 Bei welcher Wildart hat ein Vorstehhund, der als Totverbeller ausgebildet ist, die Arbeit des Totverbellens auszuführen?

- ❐ A beim Schwarzwild
- ❐ B beim Feldhasen
- ❐ C beim Rehwild

917 Bei welcher Wildart kann ein Vorstehhund die Arbeit des Totverweisens ausführen?

- ❐ A beim Rotwild
- ❐ B beim Rehwild
- ❐ C beim Hasen

918 Der Hund läuft frei, nach mehrfachem Rufen kommt er nicht. Wie verhalten Sie sich?

- ❐ A ich werfe Steine
- ❐ B ich rufe solange, bis der Hund kommt
- ❐ C ich entferne mich vom Hund

919 Durch welche Bedingungen wird eine Nachsuche am meisten erschwert?

- ❐ A durch einen kurzen Gewitterregen
- ❐ B durch 10 cm hohen Neuschnee
- ❐ C durch anhaltende trockene Hitze

920. Ein Jagdhund verscharrt im Fach Bringen einen Hasen? Wie nennt man diesen Hund?

- ❐ A Einwühler
- ❐ B Totengräber
- ❐ C Bestatter

921 Ein Rebhuhn fällt getroffen in einen Rübenacker. Der Hund findet nicht. Was ist zu tun?

- ❐ A Suche aufgeben
- ❐ B Schweißhund holen
- ❐ C nach Wartezeit den Hund noch einmal ansetzen

922 Für welche Jagdart ist vor dem Schuss ein Jagdhund notwendig?

- ❐ A buschieren
- ❐ B Ansitzjagd
- ❐ C Pirsch

923 Für welche Jagdarten werden Bracken eingesetzt

- ❐ A zum Brackieren
- ❐ B auf Stöberjagden
- ❐ C als Schweißhunde

924 Wie verhält sich ein eingeübter Erdhund an einem Bau, der lange nicht mehr vom Fuchs befahren wird?

- ❐ A der Erdhund bewindet die Röhren, nimmt den Bau aber nicht an.
- ❐ B der Erdhund nimmt den Bau an und gibt laut.
- ❐ C der Hund nimmt den Bau an und kommt erst nach langer Zeit zurück.

925 Nennen Sie eine Arbeit, bei welcher der Jagdgebrauchshund mit tiefer Nase arbeiten soll?

- ❐ A Bauarbeit
- ❐ B Arbeit auf der Wundspur oder Schweißfährte
- ❐ C Apportieren

926 Sie wollen Ihren Vorstehhund auf der Schleppe einarbeiten. Legen Sie die Schleppe mit Nacken- oder Gegenwind?

- ❐ A Nackenwind
- ❐ B Gegenwind
- ❐ C egal

927 Wann bezeichnet man einen Hund als „Knautscher"?

- ❐ A wenn er nicht imstande ist, gefasstes Raubwild oder Raubzeug abzuwürgen
- ❐ B wenn er beim Apportieren von Wild so fest zufasst, dass das Wildbret entwertet wird
- ❐ C wenn er nach vollbrachter Schweißarbeit an der Decke des Schalenwildes herumzupft

928 Wann bezeichnet man einen Vorstehhund als „Blinker"?

- ❐ A wenn er mit der Nase wahrgenommenes Wild nicht anzeigt und der Witterung ausweicht
- ❐ B wenn er beim Vorstehen die Rute stark bewegt
- ❐ C wenn er auf der Brust einen weißen „Stern" hat

929 Wann gibt ein Hund Standlaut?

- ❐ A beim Auffinden von verendetem Wild
- ❐ B beim Stellen von lebendem Wild
- ❐ C beim Einschliefen in den Fuchsbau bei der Erdjagd

930 Wann ist dem Hund stets die Halsung abzunehmen?

- ❐ A Feldsuche
- ❐ B Bauarbeit
- ❐ C Wasserarbeit

931 Wann ist ein Hund rehrein?

- ❒ A wenn er Schweißfährten des Rehwildes nicht arbeitet
- ❒ B wenn er beim Stöbern Rehwild nicht verfolgt
- ❒ C wenn er beim Stöbern nur Rehwild verfolgt

932 Wann ist ein Hund spurlaut?

- ❒ A wenn er Wild in Anblick bekommt und Laut gibt
- ❒ B wenn er vor Erregung Laut gibt, ohne Wild oder eine Wildspur vor sich zu haben
- ❒ C wenn er die Witterung einer Spur aufgenommen hat und sie lautgebend verfolgt

933 Wann wird der Hund geschnallt?

- ❒ A wenn er einen angeschossenen Hasen verloren suchen soll
- ❒ B wenn er von der Verlorensuche zu seinem Führer zurückkommt
- ❒ C wenn er an einem Baum angebunden wird

934 Warum muss sich der Jagdhund beim Abgeben apportierten Wildes setzen?

- ❒ A damit ihm das gebrachte Wild nicht mehr auskommen kann, falls es noch nicht verendet ist
- ❒ B damit ihm das verendete Wild nicht versehentlich aus dem Fang fallen kann
- ❒ C damit der Hund zu einem disziplinierten Abgeben des Wildes erzogen wird

935 Warum soll der bringende Hund die Stockente vor dem Ausgeben nicht ablegen?

- ❒ A damit die Ente durch mehrfaches Aufnehmen nicht „geknautscht" wird
- ❒ B damit die Leistungsrichter den Kopf des Hundes mit der Ente immer sehen und bewerten können
- ❒ C damit eine noch lebende, geflügelte Ente nicht wieder das Wasser annimmt und verlorengeht

936 Was bedeutet der Begriff „changieren"?

- ❒ A das Überwechseln von einer kalten auf eine wärmere, frischere Fährte oder Spur
- ❒ B altersbedingte Farbveränderung
- ❒ C das Zerren an der Leine

937 Was bedeutet die Bringtreue eines Jagdhundes?

- ❒ A der auf einen kranken Hasen geschnallte Hund arbeitet die Spur, tut den Hasen ab und trägt ihn zu
- ❒ B zufällig gefundenes kaltes Wild wird ohne Einfluss des Führers zugetragen
- ❒ C das vom Jäger verlorene Jagdmesser wird vom Hund gefunden und zugetragen

938 Was bedeutet es, wenn ein Hund „baulaut" ist?

- ❒ A der in den Fuchsbau eingeschliefte Hund gibt nur Laut, wenn der Fuchs im Bau steckt.
- ❒ B der in den Fuchsbau eingeschliefte Hund gibt auch Laut, wenn kein Fuchs im Bau steckt.
- ❒ C der Hund fürchtet sich im Dunkeln.

939 Was bezeichnet man bei der Bauarbeit unter „Vorliegen"?

- ❒ A Der Hund liegt im Bau vor dem Raubwild und verbellt es.
- ❒ B Der Hund liegt vor dem Bau und wartet auf den Befehl zum Einschliefen.
- ❒ C Zur Bauarbeit müssen die notwendigen veterinärhygienischen Genehmigungen vorliegen

940 Was ist ein Totverweiser?

- ❒ A der Anschuss lässt auf tödliche Treffer schließen
- ❒ B Fährtenbild mit Schweiß
- ❒ C ein Hund, der dem Führer durch bestimmtes Verhalten den Fund des Stückes bekannt gibt

941 Was ist eine Schleppe?

- ❒ A Duftspur eines geschleppten Stückes Wild für die Abrichtung des Hundes
- ❒ B Herausziehen von einem verendeten Stück Raubwild aus dem Bau
- ❒ C Fährte, auf der sich ein krankes Stück Wild in die Deckung geschleppt hat

942 Was ist das traditionelle Wild der Brackenjäger?

- ❒ A Fuchs, Hase
- ❒ B Rehwild
- ❒ C Schwarzwild

943 Was ist Standlaut?

- ❒ A Lautgeben beim Verfolgen eines flüchtigen Rehes
- ❒ B Verbellen des lebenden Stückes
- ❒ C Verbellen am verendeten Stück

944 Was verstehen Sie unter Stechen eines Hasen?

- ❒ A Fangen eines Hasen in der Sasse
- ❒ B Fangen eines krankgeschossenen Hasen bei der Hetze
- ❒ C Herausstoßen eines Hasen aus der Sasse

945 Was versteht man unter einem „Anschneider"?

- ❒ A ein Jagdhund, der ein gefundenes Stück Wild anfrißt
- ❒ B der Jäger, der mit dem Aufbrechen des Wildes bei einer Gesellschaftsjagd vom Jagdleiter beauftragt wird
- ❒ C ein Jäger, der es mit der Wahrheit beim Schildern von Erlebnissen nicht so genau nimmt

946 Was versteht man unter einem Bringselverweiser?

- ❒ A einen Hund, der am verendeten Stück das Bringsel in den Fang nimmt und dadurch anzeigt, dass er gefunden hat
- ❒ B einen Hund, der von einer kalten auf eine wärmere, frischere Spur oder Fährte überwechselt
- ❒ C einen Bauhund

947 Was versteht man unter Sprengen?

- ❒ A Hetzen des Hundes hinter dem hochgemachten Hasen
- ❒ B Hochmachen des Wildes nach kurzem Vorstehen
- ❒ C Herausdrücken von Wild aus seinem Bau durch Erdhunde

948 Was versteht man unter Stöbern?

- ❒ A die freie Suche des Hundes in unübersichtlichem Gelände
- ❒ B die Suche des Hundes unter der Flinte des Jägers im Waldgelände
- ❒ C ein Reviergang mit dem angeleinten Hund

949 Welche Arbeiten von Jagdhunden gehören zum Buschieren?

- ❒ A freie Suche nach Wild im Treiben bei einer Treibjagd
- ❒ B Suche nach Wild im deckungsreichen Gelände unter der Flinte des Führers
- ❒ C großräumige Suche im freien Feld

950 Welche durch die Zucht geförderte Haupteigenschaft zeichnet die Dachsbracke aus?

- ❒ A Schnelligkeit
- ❒ B großräumiges Stöbern
- ❒ C Spurwille

951 Welche Eigenschaft zeigt ein Jagdhund, wenn er nach einer Schussabgabe seine Arbeit abbricht und zu seinem Führer zurückkehrt?

- ❒ A passioniert
- ❒ B schussscheu
- ❒ C schussfest

952 Was versteht man unter dem Ablegen des Hundes?

- ❒ A ein apportiertes Stück Wild wird an einer markierten Stelle abgelegt.
- ❒ B auf das Kommando „Halt!" legt der Hund apportiertes Wild unmittelbar ab.
- ❒ C das Niederlegen und Ausharren des Hundes an einer befohlenen Stelle

953 Welche Geräte finden bei der Schweißarbeit Verwendung?

- ❒ A Führerleine
- ❒ B Schweißriemen
- ❒ C breites Halsband mit Wirbel

954 Welche Lautäußerung eines Jagdhundes bezeichnet man als Weidlaut?

- ❒ A wenn der Hund Laut gibt, obwohl er keine Spur oder Fährte vor sich hat
- ❒ B wenn er auf der Spur Laut gibt
- ❒ C wenn er ein Stück Wild verbellt

955 Welche Verhaltensweisen eines Vorstehhundes bei der Feldarbeit sind fehlerhaft?

- ❒ A nachziehen
- ❒ B nachprellen
- ❒ C einspringen, um das Wild zum Aufstehen zu bringen

956 Welche wichtige Arbeit hat der zur Nachsuche auf Niederwild brauchbare Jagdhund zu leisten?

- ❒ A Stöbern
- ❒ B Verlorenbringen
- ❒ C Vorstehen

957 Welche Wildart kann durch Buschieren gezielt bejagt werden?

- ❒ A Feldhase
- ❒ B Rebhuhn
- ❒ C Fasan

958 Welcher Laut von Jagdhunden ist für die Jagdausübung nicht erwünscht?

- ❒ A Standlaut
- ❒ B Weidlaut
- ❒ C Spurlaut

959 Wer hat normalerweise den Fangschuss zu geben, wenn der Hund ein krankes Stück gestellt hat?

- ❒ A der Hundeführer
- ❒ B der Schütze, der das Stück angeschossen hat
- ❒ C der dem standlaut gebenden Hund nächste Schütze

960 Wie behandelt man einen nach einer Rehhetze herankommenden Vorstehhund?

- ❒ A wortlos anleinen
- ❒ B mit einem derben „Jagdhieb"
- ❒ C 2 Tage kein Futter, um die Kondition zu mindern

961 Wie bezeichnet man einen Hund, der ein erlegtes Rebhuhn nicht bringt, sondern frißt?

- ❒ A Totengräber
- ❒ B Anschneider
- ❒ C Verbeißer

962 Wie bringt der Jäger sich drückendes Federwild, das vom Hund fest vorgestanden wird, zum Aufstehen?

- ❒ A mit dem Kommando an den Hund „Voran"
- ❒ B mit dem Kommando an den Hund „Apport"
- ❒ C durch Heraustreten des Wildes

963 Wie lautet das Kommando zum Bringen?

- ❒ A Apport
- ❒ B Vorwärts, zum Stück
- ❒ C Trag herbei, mein Hund

964 Wie muss ein Jagdhund auf Trillerpfiff reagieren?

- ❒ A sofort herankommen
- ❒ B die Suche zügiger fortsetzen
- ❒ C in „Down-Lage" gehen

965 Wie verfährt man mit einem abgelegten Jagdhund nach der Pirsch?

- ❒ A der Hund wird abgepfiffen
- ❒ B der Hund wird abgeholt
- ❒ C der Hund wird abgerufen

966 Wie verhält man sich, wenn der Jagdhund vom Keiler schwer geschlagen wurde?

- ❒ A sofortiges Auswaschen der Wunden mit Kernseifenlösung
- ❒ B Fangschuss, um den Hund von den Qualen zu befreien
- ❒ C Notverband anlegen und sofort zum Tierarzt

967 Wie verhält sich der bogenreine Hund beim Stöbern im Wald während seiner Arbeit?

- ❒ A er darf den Bogen nicht verlassen
- ❒ B er darf nicht überjagen
- ❒ C er darf dem Wild nicht weit über die Grenze des Treibens folgen

968 Wie verhält sich der gute Vorstehhund, wenn er Rebhühner vorsteht und diese ihm weglaufen?

- ❒ A er bleibt stehen
- ❒ B er zieht nach
- ❒ C er verbellt sie

969 Worin besteht der Unterschied zwischen „Verlorensuchen" und „Verlorenbringen"?

- ❒ A Verlorensuchen mit Spur; Verlorenbringen ohne Spur
- ❒ B Verlorenbringen mit Spur; Verlorensuchen ohne Spur
- ❒ C beide Begriffe bedeuten dasselbe

970 Wozu wird z.B. die 30 m lange Feldleine bei der Hundeabrichtung benötigt?

- ❒ A Vorstehübungen des Junghundes
- ❒ B Schweißarbeit im Schnee
- ❒ C Nachsuche auf Enten

971 Auf welche Arbeiten des Jagdhundes wird in der Brauchbarkeitsprüfung besonderer Wert gelegt?

- ❒ A auf die Arbeit vor dem Schuss
- ❒ B auf die Arbeit während des Schusses
- ❒ C auf die Arbeit nach dem Schuss

972 Auf welcher Prüfung wird ein Vorstehhund auf Schweiß geprüft?

- ❒ A auf der Herbstzuchtprüfung (HZP)
- ❒ B auf der Jugendprüfung (VJP)
- ❒ C auf der Verbandsgebrauchsprüfung (VGP)

973 Können Jagdhunde, bei denen Schussscheue oder Handscheue festgestellt wird, die Brauchbarkeitsprüfung bestehen?

- ❒ A ja
- ❒ B nein
- ❒ C

974 Muss ein Vorstehhund, um als brauchbarer Jagdhund im Sinne des Jagdgesetzes zu gelten, auch die Brauchbarkeitsprüfung ablegen, wenn er die Verbandsgebrauchsprüfung (VGP) bestanden hat?

- ❒ A ja
- ❒ B nein
- ❒ C

975 Während einer Brauchbarkeitsprüfung bringt ein Hund bei der Federwildschleppe den aufgenommenen Fasan nicht dem Hundeführer, sondern verscharrt ihn. Welche Folge hat sein Verhalten für das Prüfungsergebnis?

- ❒ A der Hund darf die Arbeit mit einem neuen Fasan wiederholen
- ❒ B der Hund scheidet aus der Prüfung aus
- ❒ C der Hund erhält nur die Anerkennung für die Brauchbarkeit in reinen Schalenwildrevieren

976 Wann werden die Leistungszeichen Sw I, Sw II oder Sw III vergeben?

- ❒ A nach einer bestandenen Brauchbarkeitsprüfung
- ❒ B nach einer bestandenen Verbandsschweißprüfung
- ❒ C nach einer bestandenen Vorprüfung für Schweißhunde

977 Warum ist eine Bauprüfung bei Erdhunden nach wie vor notwendig?

- ❒ A um die Tollwut zu bekämpfen
- ❒ B zur Erhaltung der Anlagen wie Passion und Schärfe
- ❒ C um hohe Investition in Schliefenanlagen zu rechtfertigen

978 Welche Eigenschaft eines Hundes hat ein Nichtbestehen der Brauchbarkeitsprüfung zur Folge?

- ❒ A Schussscheue
- ❒ B Anschneiden
- ❒ C ungenügender Gehorsam

979 Welche Fachgruppenkombination ist bei einer Brauchbarkeitsprüfung für Stöberhunde möglich?

- ❒ A Bauarbeit, Waldarbeit, Stöbern
- ❒ B Wasserarbeit, Bringen, Waldarbeit
- ❒ C Feldarbeit, Bringen, Wasserarbeit

980 Welche Hunde werden auf der VJP (Verbandsjugendprüfung) geprüft?

- ❒ A Stöberhunde
- ❒ B Schweiß- und Erdhunde
- ❒ C Vorstehhunde

981 Wie alt ist in der Regel ein Vorstehhund, der im September die HZP besteht?

- ❒ A unter einem Jahr
- ❒ B im 1. Feld
- ❒ C im 3. Feld

982 Wie lange ist die Mindeststehzeit der Schweißfährte auf einer Brauchbarkeitsprüfung?

- ❒ A 1 Stunde
- ❒ B 2 Stunden
- ❒ C 5 Stunden

983 Wie wird eine künstliche Schweißfährte für die Jagdhundeprüfung hergestellt

- ❒ A durch Spritzen oder Tupfen von Wildschweiß
- ❒ B durch Schleppen eines aufgebrochenen Stückes Rehwild
- ❒ C durch Treten mit dem Fährtenschuh

984 Wo muss bei der Brauchbarkeitsprüfung die Haarwildschleppe gelegt werden?

- ❒ A im Wald
- ❒ B im Feld
- ❒ C im Wasser

985 Für welche Arbeiten wird ein Deutscher Jagdterrier eingesetzt?

- ❒ A zur Stöber-, Sau- und Baujagd
- ❒ B zur Schweißarbeit
- ❒ C zur Wasserarbeit

986 Für welche Leistungen sind die Dachshunde (Teckel; Dackel) besonders geeignet?

- ❒ A Bauarbeit
- ❒ B Schweißarbeit
- ❒ C Apportieren

987 Was ist der Jagdgebrauchshundeverband?

- ❒ A ein Geselligkeitsverein für Jagdgebrauchshundehalter
- ❒ B ein Prüfverein für Jagdgebrauchshunde
- ❒ C die Dachorganisation aller Prüfungs- und Zuchtvereine

988 Was sind Retriever?

- ❒ A Stöberhnde
- ❒ B Apportierhunde
- ❒ C Hetzhunde

989 Was versteht man unter dem Begriff „Laufhunde"?

- ❒ A die Bracken
- ❒ B Englische Vorstehhunde
- ❒ C Stöberhunde

990 Was versteht man unter einer Pfostenschau?

- ❒ A Formbewertung von Hunden
- ❒ B an Pfosten angeleinte Hunde
- ❒ C eine Ausstelllung von Zaunmaterial in der Forstwirtschaft

991 Welche der genannten Hunderassen zählt zu den Stöberhunden?

- ❒ A Kleiner Münsterländer
- ❒ B Spaniels (Springer-und Cocker-Spaniel)
- ❒ C Deutscher Wachtel

992 Welche Farbschläge gibt es beim „Deutsch-Langhaar"?

- ❒ A Braun und Schimmel
- ❒ B Rot und Schecken
- ❒ C Grau und Semmelfarben

993 Welche Haarschläge gibt es in der Rassegruppe Teckel?

- ❒ A Stichelhaar, Langhaar, Kurzhaar
- ❒ B Drahthaar, Langhaar, Stumpfhaar
- ❒ C Kurzhaar, Langhaar, Rauhhaar

994 Welche Hunderasse gehört zu den Laufhunden?

- ❒ A Deutscher Wachtelhund
- ❒ B Deutsche (Olper) Bracke
- ❒ C Epagneul Breton

995 Welche Hunderassen eignen sich vornehmlich zum Vorstehen?

- ❒ A Pointer
- ❒ B Dachsbracke
- ❒ C Deutsch Drahthaar

996 Welche Jagdhunderasse hat einen ausgeprägten „Stop" (hervortretendes Stirnbein)?

- ❒ A Deutsch-Drahthaar
- ❒ B Deutscher Wachtelhund
- ❒ C Pointer

997 Welche Jagdhundrassegruppen kommen bei der Beizjagd zum Einsatz

- ❒ A Vorsteh und Stöberhunde
- ❒ B Lauf- und Apportierhunde
- ❒ C Erdhunde (Teckel und Terrier)

998 Welche Jagdhunderassen gehören ins Niederwildrevier?

- ❒ A DW, JSP, BGS
- ❒ B T, DJT, ADbr
- ❒ C DK, DL, DD

999 Welche Jagdhunderassen gehören zu den Schweißhunden?

- ❒ A DD, DK, DL
- ❒ B DW, JSP, T, DJT
- ❒ C HS, BGS, ADbr

1000 Welche Merkmale treffen auf den Kleinen Münsterländer zu?

- ❒ A langhaarig
- ❒ B kurzhaarig
- ❒ C rauhhaarig

1001 Welche Schweißhunderasse erreicht das größte Stockmaß?

- ❒ A Hannoverscher Schweißhund
- ❒ B Bayerischer Gebirgsschweißhund
- ❒ C Alpenländische Dachsbracke

1002 Welche Vorstehhunde werden üblicherweise kupiert?

- ❒ A Deutscher Kurzhaar
- ❒ B Weimaraner
- ❒ C Pointer

1003 Welcher Hund wird für die Baujagd verwendet?

- ❒ A Kleiner Münsterländer
- ❒ B Terrier
- ❒ C Deutsch-Langhaar

1004 Welches Haarkleid hat der Griffon?

- ❒ A rauhhaarig
- ❒ B langhaarig
- ❒ C kurzhaarig

1005 Zu welcher Gruppe der Jagdgebrauchshunde gehört der Weimaraner?

- ❒ A zu den Bracken
- ❒ B zu den Vorstehhunden
- ❒ C zu den Stöberhunden

1006 Zu welcher Gruppe von Jagdhunden gehört der Wachtel?

- ❒ A Vorstehhunde
- ❒ B Stöberhunde
- ❒ C Schweißhunde

1007 Bei welcher Jagdart muss der Jäger bei der Einzeljagd einen brauchbaren Jagdhund bei sich führen?

- ❒ A Ansitzjagd
- ❒ B Pirschjagd
- ❒ C Wasserjagd

1008 Wann sollen Hundewelpen erstmals einer Wurmkur gegen Spulwürmer unterzogen werden?

- ❒ A innerhalb der ersten 10 Tage
- ❒ B in der 3. Lebenswoche
- ❒ C in der 8. Lebenswoche

1009 Was bezeichnet man als „Standard" eines Hundes?

- ❒ A die Vorstellung des Züchters von seinem Zuchtprodukt
- ❒ B das Bild eines erwachsenen Hundes
- ❒ C die zuchtordnungsgemäß bestimmte Beschreibung einer Hunderasse

1010 Was versteht man unter einer Wurfkiste?

- ❒ A Transportkiste für einen Wurf Welpen mit Einzelfächern
- ❒ B Geburtsplatz für die Hündin
- ❒ C Wurfgegenstand bei früherer Zwangsdressur

1011 Wie nennt man das korrekte Gebiss eines Hundes?

- ❐ A Scherengebiss
- ❐ B Zangengebiss
- ❐ C Vorbiss

1012 Welcher Hund wird als „Rückbeißer" bezeichnet?

- ❐ A wenn der Unterkiefer zu kurz ist
- ❐ B wenn der Unterkiefer zu lang ist
- ❐ C wenn das korrekte Scherengebiss stark abgenutzt ist

1013 Warum stellt ein fehlerhaftes Gebiss des Jagdhundes einen zuchtausschließenden Mangel dar?

- ❐ A jeder Mangel wirkt sich zuchtausschließend aus.
- ❐ B Zahnfehler führen zu faulen Zähnen.
- ❐ C Der Hund bekommt Schwierigkeiten beim Niederziehen und Halten von Wild und beim Apportieren.

1014 In welchem Alter tritt normalerweise die erste Hitze (Läufigkeit) bei der Junghündin ein?

- ❐ A 7 - 10 Monate
- ❐ B 12 - 15 Monate
- ❐ C 18 - 21 Monate

1015 Wie oft im Jahr wird die geschlechtsreife Hündin gewöhnlich heiß (hitzig)?

- ❐ A einmal
- ❐ B zweimal
- ❐ C monatlich

1016 Wie lange dauert die „Hitze" der Hündin?

- ❐ A eine Woche
- ❐ B drei Wochen
- ❐ C fünf Wochen

1017 Woran erkennt man bei der Hündin den Beginn der Hitze?

- ❐ A Färbung und Schwellung der Schnalle
- ❐ B unruhiges Lecken an den Vorderläufen
- ❐ C Ausreißen von Haaren an der Bauchunterseite

1018 Ab welchem Tag der Läufigkeit lässt sich die Hündin vom Rüden decken?

- ❐ A ab dem 5. Tag
- ❐ B ab dem 9. Tag
- ❐ C ab dem 15. Tag

1019 Kann eine Hündin, die während einer Hitze von 2 verschiedenen Rüden gedeckt wurde, Welpen nach jedem dieser Rüden werfen?

- ❐ A ja
- ❐ B nein
- ❐ C

1020 In welchem Zustand werden die Hundewelpen gewölft?

- ❐ A nackt und blind
- ❐ B behaart und sehend
- ❐ C behaart und blind

1021 Bei der pH-Wertmessung eines Wildackers wurde ein pH-Wert von 3,5 gefunden. Wie erreichen Sie eine Verschiebung dieses Wertes zum Neutralpunkt hin?

- ❐ A durch Düngung mit Kalk
- ❐ B durch Düngung mit Kali
- ❐ C durch Düngung mit Magnesium

1022 Bei der pH-Wertmessung eines Wildackers wurde ein pH-Wert von 7,0 gefunden. Wie ist der Bodenzustand?

- ❐ A basisch
- ❐ B sauer
- ❐ C neutral

1023 Für welche Wildarten sind Ackerrandstreifen von besonderer Bedeutung?

- ❐ A Schwarzwild
- ❐ B Hase, Rebhuhn, Fasan
- ❐ C Rehwild

1024 In welchem Monat blüht der Winterraps?

- ❐ A März
- ❐ B Mai
- ❐ C Juli

1025 In welchem Monat wird Mais gesät?

- ❐ A März
- ❐ B Mai
- ❐ C September

1026 In welcher der drei Gruppen sind ausschließlich organische Düngerarten aufgezählt?

- ❐ A Gründüngung, Stalldünger, Gülle
- ❐ B Gülle, Stalldünger, Kalk
- ❐ C Stalldünger, Jauche, Kali

1027 Lehnt der ökologische Landbau im Gegensatz zum konventionellen Landbau den Einsatz von Mineraldünger und chemischen Pflanzenschutz weitestgehend ab?

- ❐ A ja
- ❐ B nein
- ❐ C

1028 Sie wollen auf einem bearbeiteten Wildacker erstmals Rotklee ansäen. Was müssen Sie hierbei beachten?

- ❐ A Saatgut impfen (z.B. mit Radizin)
- ❐ B Wildacker mit Pestziden vorbehandeln
- ❐ C zuerst Fungizide ausbringen

1029 Sie wollen eine Feldfläche verwittern. Welches Mittel bringen Sie aus?

- ❐ A Kornitol
- ❐ B E 605
- ❐ C Racumin

1030 Sie wollen eine gepflügte Wildackerfläche für die Einsaat vorbereiten. Welches Gerät verwenden Sie zur Zerkleinerung der Ackerklumpen?

- ❐ A Häcksler
- ❐ B Scheibenegge
- ❐ C Drillmaschine

1031 Wann werden die Ähren eines im Juni 2000 gesäten Waldstaudenroggenfeldes reif?

- ❒ A im Oktober 2000
- ❒ B im Frühjahr 2001
- ❒ C im Spätsommer/Herbst 2001

1032 Wann wird Winterweizen gesät?

- ❒ A März/April
- ❒ B Oktober/November
- ❒ C Dezember/Januar

1033 Was bezeichnet man als „Kaff"?

- ❒ A Druschabfälle für die Niederwildhege
- ❒ B ein Zimmer zum Aufbewahren von Jagdutensilien
- ❒ C ein Dorf, in dem sich die Füchse „Gute Nacht" sagen

1034 Was ist unter dem Begriff „Rotationsbrache" zu verstehen?

- ❒ A intensive Ackernutzung mit jährlichem Fruchtwechsel
- ❒ B Bewirtschaftung landwirtschaftlicher Flächen im Nebenerwerb
- ❒ C jährlicher Wechsel von Stilllegungsflächen

1035 Was sind geeignete Wildackerpflanzen für den Winter?

- ❒ A Klee-Gras-Gemisch
- ❒ B Hafer, Mais, Gerste
- ❒ C Raps, Topinambur, Blattstammkohl, Stoppelrüben

1036 Was sind Hackfruchtarten?

- ❒ A Kartoffeln
- ❒ B Hafer
- ❒ C Runkelrüben

1037 Was verstehen Sie man unter Gründüngung?

- ❒ A Düngung mit Stallmist und Jauche
- ❒ B Unterpflügen von Grünpflanzen
- ❒ C Gabe von granuliertem grünen Superphosphat

1038 Was verstehen Sie unter dem Begriff Landbau?

- ❒ A ländliches Bauwesen
- ❒ B pflanzliche Produktion von Feldfrüchten und Futterpflanzen
- ❒ C Bau von land- und forstwirtschaftlicher Technik

1039 Was verstehen Sie unter extensiver Bewirtschaftung?

- ❒ A geringe Betriebsgröße
- ❒ B geringe Aufwendung und dadurch geringe Erträge
- ❒ C Betriebsgröße ab 100 ha

1040 Was versteht man unter Grummet?

- ❒ A Teil des Pferdegeschirrs
- ❒ B der getrocknete 2. Schnitt bei der Heugewinnung
- ❒ C wertloser Teil eines Fichtenstammes (Rotfäule)

1041 Was versteht man unter Silage?

- ❐ A Rückstände bei der Apfelsaftherstellung
- ❐ B eingeweichte Zuckerrübenschnitzel
- ❐ C durch Vergären haltbar gemachtes Saftfutter

1042 Welche Bodenart gilt im landwirtschaftlichen Sinn als schwerer Boden?

- ❐ A Sandboden
- ❐ B Tonboden
- ❐ C Humus

1043 Welche Bodenart ist besonders fruchtbar?

- ❐ A Sandboden
- ❐ B Humusboden
- ❐ C Lößboden

1044 Welche der genannten Wildackerpflanzen sind winterhart?

- ❐ A Senf
- ❐ B Buchweizen
- ❐ C Kohl (Markstamm- und Blattkohl sowie Westfälischer Furchenkohl)

1045 Welche erwünschte Wirkung hat der Zwischenfruchtanbau neben der Futtergewinnung?

- ❐ A Schutz vor Erosion
- ❐ B Speicherung der Niederschläge
- ❐ C Schaffung von Äsung und Deckung

1046 Welche Frucht kann als Zwischenfrucht angebaut werden?

- ❐ A Zuckerrübe
- ❐ B Hafer
- ❐ C Rübsen

1047 Welche für Wildäcker geeigneten Pflanzen können mit Hilfe ihrer Knöllchenbakterien Stickstoff sammeln?

- ❐ A Winterraps
- ❐ B Wicke
- ❐ C Felderbse

1048 Welche Getreideart stellt die geringsten Bodenansprüche?

- ❐ A Roggen
- ❐ B Weizen
- ❐ C Gerste

1049 Welche Getreideart wird im Herbst als erste gesät?

- ❐ A Wintergerste
- ❐ B Winterroggen
- ❐ C Winterweizen

1050 Welche Getreideart wird nur im Frühjahr gesät?

- ❐ A Roggen
- ❐ B Weizen
- ❐ C Hafer

1051 Welche Hackfrucht bevorzugt schwere Böden?

- ❐ A Zuckerrübe
- ❐ B Kartoffel
- ❐ C Futterrübe

1052 Welche Hackfrucht wird angehäufelt?

- ❐ A Futterrübe
- ❐ B Zuckerrübe
- ❐ C Kartoffel

1053 Welche Hackfruchtarten eignen sich für den Anbau auf Wildäckern, um dem Schalenwild als Äsung zu dienen?

- ❐ A alle Rübenarten
- ❐ B Kartoffeln
- ❐ C Möhren

1054 Welche landwirtschaftliche Maschine dient der Bodenbearbeitung?

- ❐ A Häcksler
- ❐ B Fräse
- ❐ C Kreiselwender

1055 Welche Maßnahmen der Reviergestaltung tragen neben der Fütterung zur Verbesserung der Äsungsmöglichkeiten für das Schalenwild bei?

- ❐ A Anlage von Wildäckern
- ❐ B Pflanzung von Proßholz
- ❐ C Anlage von Daueräsungsflächen

1056 Welche Mindestgröße empfiehlt sich für die Anlage einer Grünäsungsfläche in Waldrevieren?

- ❐ A 0,3 ha
- ❐ B 1 ha
- ❐ C 3 ha

1057 Welche perenierende Pflanze bietet Blatt- und Knollenäsung?

- ❐ A Topinambur
- ❐ B Rotklee
- ❐ C Kartoffel

1058 Welche Pflanze bietet dem Wild noch bis Ende Dezember grüne Blatt- oder Triebäsung?

- ❐ A Markstammkohl
- ❐ B Felderbse
- ❐ C Winterraps

1059 Welche Pflanze gehört zu den Ölfrüchten?

- ❐ A Raps
- ❐ B Lupine
- ❐ C Topinambur

1060 Welche Pflanzen eignen sich für einen Wildacker für Schalenwild?

- ❐ A Hafer
- ❐ B Kartoffeln
- ❐ C Topinambur

1061 Welche Pflanzen gelten als Pionierpflanzen?

- ❐ A Waldstaudenroggen
- ❐ B Mais
- ❐ C Ackerbohne

1062 Welche Pflanzenart kann im Spätsommer als Gründüngung gesät werden?

- ❐ A Hafer
- ❐ B Senf
- ❐ C Futterraps

1063 Welche Pflegemaßnahme sollte auf Dauergrünlandsäsungsflächen jährlich vorgenommen werden?

- ❐ A Mähen
- ❐ B Pflügen
- ❐ C Düngen

1064 Welche Zeigerpflanze (kalkfeindlich) zeigt sauren Boden an?

- ❐ A Huflattich
- ❐ B Saalweide
- ❐ C Heidekraut

1065 Welche Zwischenfruchtarten bieten dem Wild Deckung?

- ❐ A Raps
- ❐ B Mais
- ❐ C Ackersenf

1066 Welchen pH-Wert sollte der Boden einer Wildäsungsfläche haben?

- ❐ A 7
- ❐ B 5 - 6
- ❐ C 3,5

1067 Welchen Stoff aus der Luft sammeln Schmetterlingspflanzen (z.B. Kleearten, Bohnen, Erbsen und Wicken) mit Hilfe der Knöllchenbakterien an ihren Wurzeln?

- ❐ A Sauerstoff
- ❐ B Schwefel
- ❐ C Stickstoff

1068 Welcher Ackerwildkrautsamen wird von Rebhühnern gern angenommen?

- ❐ A Knöterich
- ❐ B Windhalm
- ❐ C Schachtelhalm

1069 Welcher Arbeitsgang ist im Frühjahr auf Wiesen und Weiden zur Pflege erforderlich?

- ❐ A Grubbern
- ❐ B Fräsen
- ❐ C Abschleppen

1070 Welcher Dünger führt besonders zur ausgeprägten Bildung des Blattgrüns (Chlorophyll)?

- ❐ A Kalk
- ❐ B Stickstoff
- ❐ C Kali

1071 Welches Futter behält durch seine Aufbereitung den Hauptteil der Nährstoffe?

- ❒ A Silage
- ❒ B gedämpfte Kartoffeln
- ❒ C Heu

1072 Welche der folgenden Aussagen zu Mulchsaaten sind richtig?

- ❒ A Mulchsaaten leisten einen Beitrag zum Gewässer- und Bodenschutz durch Verringerung der Bodenerosion
- ❒ B Mulchsaaten bieten nach der Ernte rasch neue Deckung
- ❒ C Mulchsaaten erhöhen den Arbeitsaufwand der Bestellung der Felder

1073 Wie bezeichnet man die Pflanzenschutzmittel, mit denen Pilze bekämpft werden?

- ❒ A Rodentizide
- ❒ B Herbizide
- ❒ C Fungizide

1074 Wie können Gelege von Fasanen und Rebhühnern am erfolgreichsten vor dem Ausmähen gerettet werden?

- ❒ A durch Absuchen der Mahdflächen mit dem Hund oder der Drohne
- ❒ B durch Verwitterung der Mahdfläche
- ❒ C durch Aufstellen von Scheuchen am Tag vor der Mahd

1075 Wie sehen die Früchte des erntereifen Rapses aus?

- ❒ A weißlich und rund
- ❒ B grün und klebrig
- ❒ C rund und überwiegend schwarz

1076 Wie werden Futterrüben für die Winterfütterung aufbewahrt?

- ❒ A durch Silieren
- ❒ B durch Trocknen
- ❒ C durch Einmieten

1077 Wie wird eine Dauergrünäsungsfläche im Frühjahr gepflegt?

- ❒ A Striegeln, Schleppen, Walzen
- ❒ B Grubbern und Neueinsaat
- ❒ C Scheiben und Eggen

1078 Wie wird Getreidesaatgut vor Pilzbefall geschützt?

- ❒ A durch Erhitzen auf 80 Grad Celsius
- ❒ B durch Bleichen an der Sonne
- ❒ C durch Behandlung mit einem Beizmittel

1079 Wieviel % der Waldfläche sollten Wildäsungsflächen sein?

- ❒ A etwa 10 %
- ❒ B etwa 5 %
- ❒ C mindestens 1 % bis 2 %

1080 Wieviel Quatratmeter umfasst ein Hektar, ein Morgen, ein Ar?

- ❒ A ein Hektar = 10.000 qm, ein Morgen = 2.500 qm, ein Ar = 100 qm
- ❒ B ein Hektar = 5.000 qm, ein Morgen = 1.000 qm, ein Ar = 250 qm
- ❒ C ein Hektar = 15.000 qm, ein Morgen = 5.000 qm, ein Ar = 1000 qm

1081 Wo befinden sich an der Getreidepflanze die Grannen?

- ❐ A an der Wurzel
- ❐ B am Halm
- ❐ C an der Ähre

1082 Wodurch erfolgt eine Überdüngung von Gewässern?

- ❐ A Einspülung von Dünger durch umgebende Äcker
- ❐ B Gründüngung
- ❐ C zu hoher Fischbestand

1083 Wozu ordnet man die Getreideart Hafer?

- ❐ A Sommergetreide
- ❐ B Wintergetreide
- ❐ C Zwischenfrucht

1084 Wozu werden Rodentizide benötigt?

- ❐ A zum Verhindern von Wildverbiss
- ❐ B zur Behandlung von Getreideflächen gegen Pilzbefall
- ❐ C zur Bekämpfung grassierender Mäusebestände im Wald

1085 Zu welcher Futtermittelgruppe gehört der Obsttrester?

- ❐ A Kraftfutter
- ❐ B Saftfutter
- ❐ C Rauhfutter

1086 Als Heckenpflanzen haben sich besonders bewährt:

- ❐ A Weichhölzer
- ❐ B fruchttragende Bäume, die z. B. Samen wie Eicheln und Bucheckern erzeugen
- ❐ C Sträucher, die den Schnitt vertragen und ein hohes Ausschlagvermögen besitzen

1087 Auf welchem Standort wächst die blaue Schwertlilie bevorzugt?

- ❐ A Trockenrasen
- ❐ B Flachmoore
- ❐ C Geröllhalden

1088 Auf welcher Fläche können die heimischen Sonnentauarten vorkommen?

- ❐ A auf einer zweimahdigen Wiese
- ❐ B auf einem Hochmoor
- ❐ C auf einer Nadelwaldfläche

1089 Fledermäuse verbringen den Tag in Verstecken. An welchen der genannten Orte halten Sie sich bevorzugt auf?

- ❐ A auf der Unterseite der Blätter von Eichen und Buchen
- ❐ B an Wipfeln von Nadelbäumen
- ❐ C in Baumhöhlen oder in warmen Dachstühlen

1090 Bei welchen Singvögeln lassen sich die Geschlechter am Federkleid deutlich unterscheiden?

- ❐ A Buchfink
- ❐ B Dompfaff
- ❐ C Amsel

1091 Erläutern Sie drei Maßnahmen, die der Jäger durchführen kann, um den Singvogelbesatz im Wald zu fördern.

- ❐ A Ausnehmen der Gelege und Ausbrüten und Aufzucht durch anderes Federwild. Abdecken des Brutbaumes/Hecke mittels eines Netzes, Freischneiden von Bäumen und Hecken.
- ❐ B Schaffung von Brutgelegenheiten, Anbringen von Nistkästen, Anlage von Tränken, Schutzgehölzen und Hecken
- ❐ C Hege des Raubwildes, Entfernung aller beerentragenden Hecken, Freischneiden

1092 Für welche Vogelart sind Nadelwälder der geeignete Lebensraum?

- ❐ A Neuntöter
- ❐ B Tannenmeise
- ❐ C Fichtenkreuzschnabel

1093 Gehört die Blindschleiche zu den ...

- ❐ A Schlangen
- ❐ B Kriechtieren
- ❐ C Regenwürmern

1094 Können von Elstern erbaute Nester auch von Eulen oder Falken bewohnt sein?

- ❐ A ja
- ❐ B nein
- ❐ C nur im Winter

1095 Nennen Sie die drei wichtigsten Naturgüter.

- ❐ A Mensch, Tier, Pflanze
- ❐ B Habitat, Population, Biotop
- ❐ C Wasser, Boden, Luft

1096 Nennen Sie die Mindestgröße einer Feldholzinsel.

- ❐ A 100 qm
- ❐ B 1000 qm
- ❐ C 3000 qm

1097 Nennen Sie die Zonen einer Feldholzinsel.

- ❐ A Saumzone
- ❐ B Mantelzone
- ❐ C Kernzone

1098 Nennen Sie Maßnahmen für den Vogelschutz.

- ❐ A Anpflanzung von Hecken und Feldholzinseln
- ❐ B Anbringen von Nisthilfen
- ❐ C Schutz vor wildernden Katzen

1099 Sind Trockenrasen wertvolle Biotope?

- ❐ A ja
- ❐ B nein
- ❐ C

1100 Trollblume und Mehlprimel sind typische Vertreter ihres Lebensraums. Wo kommen diese Blumen vor?

- ❐ A auf Heideflächen und Trockenrasen
- ❐ B auf Streuwiesen und Flachmooren
- ❐ C im Hochgebirge

1101 Viele Vogelarten sind auf das Angebot künstlicher Nisthilfen angewiesen. Welcher Vogelart kann durch Aufhängen von Nistkästen geholfen werden?

- ❒ A Dompfaff
- ❒ B Kohlmeise
- ❒ C Waldkauz

1102 Was ist ein Biotop?

- ❒ A eine Lebensgemeinschaft von Pflanzen und Tieren
- ❒ B ein abgegrenzter Lebensraum für Pflanzen und Tiere
- ❒ C ein biologisches Spezialgebiet an der Universität

1103 Was ist eine „ökologische Nische"?

- ❒ A geschützte Landschaftsbestandteile
- ❒ B Beziehungszusammenhang zwischen Organismus und Umwelt
- ❒ C Lebensgemeinschaft von Pflanzen

1104 Was ist eine „Rote Liste"?

- ❒ A Verzeichnisse, in denen Umweltsünder erfasst sind
- ❒ B Bußgeldkataloge für Verstöße gegen Naturschutzvorschriften
- ❒ C Übersichten über gefährdete Pflanzen und Tiere eines Gebietes

1105 Was sind Landschaftsbestandteile?

- ❒ A Teile von Natur und Landschaft
- ❒ B alle Bäume eines Gebietes
- ❒ C Trennung zwischen Land und Wasser

1106 Was verstehen Sie unter Ökologie?

- ❒ A Wirtschaftswissenschaft
- ❒ B die Wissenschaft von den Wechselbeziehungen zwischen Organismen und Umwelt
- ❒ C Grundlage des Land- und Waldbaus

1107 Was versteht man unter dem Begriff „Biozönose"?

- ❒ A es ist die Bezeichnung für eine natürliche Lebensgemeinschaft
- ❒ B es ist der Oberbegriff für alle wildlebenden Tier- und Pflanzenarten
- ❒ C seuchenartiges Auftreten von Wildkrankheiten

1108 Was versteht man unter einer „Benjes-Hecke"?

- ❒ A Jägerzaun
- ❒ B Hecke von Hermann Benjes
- ❒ C 3 bis 4 m breiter Gestüppwall

1109 Welche Blumenart kommt auf Trockenrasen vor?

- ❒ A Trollblume
- ❒ B Sonnentau
- ❒ C Silberdistel

1110 Welche Blumenart zählt zur Familie der Orchideen?

- ❒ A Frauenschuh
- ❒ B Großblütiger Fingerhut
- ❒ C Blauer Enzian

1111 Welche Eulenart brütet am Boden?

- ❒ A Schleiereule
- ❒ B Waldkauz
- ❒ C Sumpfohreule

1112 Welche Maßnahmen dienen der Erhaltung der Artenvielfalt?

- ❒ A Herstellung von großen einheitlichen Flächenstrukturen
- ❒ B Verzicht jeglicher menschlicher Eingriffe in die Natur
- ❒ C Schutz, Pflege, Nutzung und Ergänzung der natürlichen Ressourcen

1113 Welche Nahrungsquellen gehören zur Ernährung des Eichhörnchens?

- ❒ A Baumsämereien
- ❒ B Kiefernnadeln
- ❒ C Eier von Singvögeln

1114 Welche Pflanze gehört zur Familie der Orchideen?

- ❒ A Gemeine Küchenschelle
- ❒ B Rotes Waldvögelein
- ❒ C Frühlings-Adonisröschen

1115 Welche Strauchart trägt Dornen?

- ❒ A Kornelkirsche
- ❒ B gemeiner Schneeball
- ❒ C Schlehe

1116 Welche Straucharten sind im Winter wichtige Äsungspflanzen?

- ❒ A Weiden
- ❒ B Holunder, Ginster
- ❒ C Brombeeren, Himbeeren, Heidelbeeren

1117 Welche Vogelart brütet in selbstgegrabenen Höhlen an natürlichen Steilufern?

- ❒ A Eisvogel
- ❒ B Uferschwalbe
- ❒ C Wasseramsel

1118 Welche Vogelart gehört zu den Zugvögeln?

- ❒ A Feldlerche
- ❒ B Kohlmeise
- ❒ C Kiebitz

1119 Welche der folgenden Nahrungsquellen gehören zur Ernährung des Eichhörnchens?

- ❒ A Baumsamen und Knospen von Gehölzen
- ❒ B Regenwürmer
- ❒ C Eier von Singvögeln

1120 Welchen biologischen Wert hat eine Hecke?

- ❒ A Ackerland wird vor Erosion geschützt
- ❒ B wichtig für den Singvogelbestand im Revier
- ❒ C Sicht- und Lärmschutz

1121 Welchen Landschaftsraum benötigt der Große Brachvogel zum Brüten?

- ❒ A weiträumiges Ackerland
- ❒ B Laub- und Mischwälder
- ❒ C weite feuchte Wiesen und Moore

1122 Welchen Lebensraum benötigt die Bekassine?

- ❒ A großräumige Verlandungsstreifen von Seen
- ❒ B großflächige Waldungen
- ❒ C weiträumiges Ackerland

1123 Welcher Vogel bewohnt Baumhöhlen?

- ❒ A Specht
- ❒ B Kleiber
- ❒ C Meise

1124 Wie können Eingriffe in Natur und Landschaft ausgeglichen werden?

- ❒ A durch Maßnahmen des Naturschutzes und der Landschaftspflege
- ❒ B durch Verzicht jeglicher menschlicher Eingriffe in die Natur
- ❒ C durch Flurbereinigungsverfahren

1125 Wie sind Kleinsümpfe und Moore zu behandeln?

- ❒ A Entwässerung wegen Verbreitung des Zwischenwirtes des Leberegels
- ❒ B da Rückzugsgebiet für Tiere, Anlage von Rebhuhnschüttungen
- ❒ C Unterlassung jeglicher Nutzung

1126 Wie verfährt der Neuntöter oder Rotrückenwürger mit seiner Beute?

- ❒ A er spießt sie auf Dornen oder Stachel.
- ❒ B er vergräbt sie im Boden.
- ❒ C er kröpft und verzehrt sie im Flug.

1127 Wovon ernährt sich überwiegend der Kuckuck?

- ❒ A Insekten
- ❒ B Vogeleier
- ❒ C Jungvögel

1128 Wovon leben Fledermäuse vorwiegend?

- ❒ A Sämereien
- ❒ B Insekten
- ❒ C Feldmäusen

1129 Bei welcher Baumart gibt es keinen Stockausschlag?

- ❒ A Fichte
- ❒ B Birke
- ❒ C Erle

1130 Bei welcher Baumart ist die Umtriebszeit am kürzesten?

- ❒ A Birke
- ❒ B Buche
- ❒ C Esche

1131 Bis zu welcher Höhe ist ein Baum gegen Schälschäden des Rotwildes zu schützen?

- ❒ A bis 50 cm über dem Boden
- ❒ B bis 1,80 m über dem Boden
- ❒ C mindestens 3 m über dem Boden

1132 Das Ausschnittholz welcher Bäume ist Proßholz? Nennen Sie drei Beispiele.

- ❒ A Birken
- ❒ B Obstbäume
- ❒ C Weiden und Eichen

1133 Die Früchte welcher Baumart werden durch den Wind verbreitet?

- ❒ A Eiche
- ❒ B Ahorn
- ❒ C Weide

1134 Im zweiten Frühjahr stellen Sie in einer Fichtenkultur fest, dass die Leittriebe und auch die benachbarten Seitentriebe auffallend kurz sind. Worauf lässt dies schließen?

- ❒ A Wachstumsstockung
- ❒ B Verbiss durch Rehwild
- ❒ C Schäden durch strengen Winter

1135 In welchem Alter wird ein Fichtenbestand in der Regel geerntet?

- ❒ A 40 bis 60 Jahre
- ❒ B 100 bis 120 Jahre
- ❒ C 180 bis 200 Jahre

1136 In welcher Zone erfolgt durch Zellteilung das Dickenwachstum der Bäume?

- ❒ A Frühholzzone
- ❒ B Spätholzzone
- ❒ C Kambiumzone

1137 Inwiefern wirkt sich das Brechen des Schwarzwildes im Wald nützlich aus?

- ❒ A Bodenauflockerung
- ❒ B Vertilgung von Mäusen
- ❒ C Mineralboden und Humus werden vermengt

1138 Mit „Läuterung" bezeichnet der Forstwirt ...

- ❒ A eine Naturverjüngung
- ❒ B die Zapfenernte
- ❒ C die Pflege der Forstkultur

1139 Sie wollen auf einem nassen Standort eine Waldparzelle zupflanzen. Welche Baumart eignet sich dafür?

- ❒ A Kiefer
- ❒ B Akazie
- ❒ C Pappel

1140 Sie wollen eine Verbissfläche anlegen. Welche der aufgeführten Baumarten ist dafür geeignet?

- ❒ A Eberesche
- ❒ B Birke
- ❒ C Weide

1141 Unter „Stockausschlag" versteht man ...

- ❐ A die mechanische Beseitigung von Jungwuchs
- ❐ B den Jungwuchs von Kiefern
- ❐ C den Austrieb von Eichenschössen aus Stubben

1142 Wann blüht die Eiche?

- ❐ A März
- ❐ B Mai
- ❐ C August

1143 Wann spricht man von einer „Plenterung" (Plenterwaldnutzung)?

- ❐ A bei einem flächenhaften Kahlschlag
- ❐ B bei horstweiser Nutzung
- ❐ C bei Einzelstammnutzung

1144 Welche Merkmale treffen für den naturnahen Waldbau zu?

- ❐ A Vermeidung von Kahlschlägen
- ❐ B Der Anbau von Nadelgehölzen ist untersagt.
- ❐ C Hohe Anteile an Naturverjüngung

1145 Warum ist die Rote Waldameise im Wald nützlich?

- ❐ A Vertilgung forstlicher Schadinsekten
- ❐ B vollständige Vertilgung von Aas und Fallwild
- ❐ C Sie sorgt für gute Bodendurchlüftung.

1146 Was bedeutet der Begriff „Waldmantel"?

- ❐ A grüner Mantel aus Loden, der den Jäger vor Witterungseinflüssen schützt
- ❐ B tiefbeastete Fichten und Kiefern in den Haupteinständen des Schwarzwildes
- ❐ C Grenzbereich des Waldes zu anderen Landschaftselementen

1147 Was ist Proßholz?

- ❐ A unbelaubte Zweige bestimmter Laubholzarten
- ❐ B durch Rotfäule minderwertiges Holz
- ❐ C Wipfel von Nadelholzarten

1148 Was sind Z-Bäume?

- ❐ A für die Endnutzung vorgesehene Bäume
- ❐ B verschulte Laubholzpflanzen mittlerer Größe
- ❐ C unterständige Bäume

1149 Was versteht man im Waldbau unter der Bezeichnung Anflug?

- ❐ A Borkenkäferanflug auf Falle
- ❐ B Bienenflug während der Waldblüte
- ❐ C natürliche Waldverjüngung durch Samenflug

1150 Was versteht man unter Assimilation?

- ❐ A Pflanzenatmung
- ❐ B Fotosynthese
- ❐ C Transpiration

1151 Was versteht man unter Laubheu?

- ❒ A Heu des 2. Wiesenschnittes
- ❒ B getrocknete Laubholzzweige
- ❒ C ein Gemisch aus Klee und Heu

1152 Welche Arbeiten fallen nur in der Vegetationszeit im Wald an?

- ❒ A Einschlagen von Holz
- ❒ B Hobeln von Fichten als Schälschutzmaßnahme
- ❒ C Bau von Wegen

1153 Welche Art der Waldverjüngung ist am wenigsten durch Wildverbiss gefährdet?

- ❒ A Pflanzung auf Kahlflächen
- ❒ B Naturverjüngung
- ❒ C Pflanzung unter Schirm

1154 Welche Art von Drahtgeflecht dient zur Kultureinzäunung, um ausschließlich Rot-, Dam- und Rehwild fernzuhalten?

- ❒ A Reihenzaun, zweimaschig
- ❒ B Knotengeflecht
- ❒ C Stachelgeflecht

1155 Welche aus fremden Ländern stammende Nadelbaumart wird in Deutschland häufig neben den einheimischen Holzarten angebaut?

- ❒ A Libanonzeder
- ❒ B Douglasie
- ❒ C Tulpenbaum

1156 Welche Baumart bietet als Lichtholzart die höchste relative Beleuchtungsstärke im Bestand?

- ❒ A Buche
- ❒ B Kiefer
- ❒ C Fichte

1157 Welche Baumart bildet starke Wurzelbrut?

- ❒ A Aspe
- ❒ B Buche
- ❒ C Fichte

1158 Welche Baumart gedeiht auf Sandböden?

- ❒ A Tanne
- ❒ B Fichte
- ❒ C Kiefer

1159 Welche Baumart hat das härteste Holz?

- ❒ A Eiche
- ❒ B Lärche
- ❒ C Douglasie

1160 Welche Baumart hat das langsamste Jugendwachstum?

- ❒ A Lärche
- ❒ B Kiefer
- ❒ C Weißtanne

1161 Welche Baumart ist am ehesten windwurfgefährdet?

- ❒ A Tanne
- ❒ B Kiefer
- ❒ C Fichte

1162 Welche Baumart ist durch den Verbiss des Schalenwildes am wenigsten gefährdet?

- ❒ A Fichte
- ❒ B Rot-Erle
- ❒ C Stieleiche

1163 Welche Baumart ist durch Pilzbefall besonders bedroht?

- ❒ A Lärche
- ❒ B Esche
- ❒ C Wildkirsche

1164 Welche Baumart lässt sich gut natürlich verjüngen?

- ❒ A Pappel
- ❒ B Buche
- ❒ C Fichte

1165 Welche Baumart lässt sich vor allem mit Stecklingen vermehren?

- ❒ A Buche
- ❒ B Baumweide
- ❒ C Pappel

1166 Welche Baumart wächst am schnellsten?

- ❒ A Birke
- ❒ B Buche
- ❒ C Tanne

1167 Waldränder sind vielfach sehr reich an Pflanzenarten. Auf welche Einflüsse ist das zurückzuführen?

- ❒ A auf die Ausscheidungen von Greifvögeln
- ❒ B auf den Verbiss durch Feldhasen und Kaninchen
- ❒ C Vögel lassen am Waldrand Samen und Früchte fallen oder scheiden nach der Verdauung über Losung dort Samen aus.

1168 Welche Aufzählung gibt die richtige Reihenfolge der Altersphasen des Waldes wieder

- ❒ A Dickung/ Jungwuchs/ Baumholz/ Stangenholz/
- ❒ B Dickung/ Jungwuchs/ Baumholz/ Altholz/ Stangenholz
- ❒ C Jungwuchs/ Dickung/ Stangenholz/ Baumholz/ Altholz

1169 Welche Baumarten sind in Bezug auf Nährstoff- und Wassergehalt der Böden anspruchslos?

- ❒ A Weißtanne
- ❒ B Sandbirke
- ❒ C Kiefer

1170 Welche Baumarten sind typische Pionierbaumarten?

- ❒ A Vogelbeere
- ❒ B Birke
- ❒ C Esche

1171 Welche Bäume tragen für die Wildäsung geeignete Mast?

- ❐ A Eiche
- ❐ B Birke
- ❐ C Buche

1172 Welche Bedeutung besitzen heimische Gehölze für das Wild?

- ❐ A heimische Gehölze sind für das Wild wenig attraktiv.
- ❐ B in der Evolution haben sich zur Arterhaltung die heimischen Gehölze dem Verbiss der heimischen Wildtiere angepasst.
- ❐ C fremde Gehölze sind für das Wild lebensnotwendig (Bitterstoffe, ätherische Öle).

1173 Welche Bedeutung hat Totholz im Walde?

- ❐ A Brennholz
- ❐ B Nahrungsquelle für Spechte
- ❐ C Lebensraum für viele Tiere

1174 Welche der Baumarten gehören zu den Weichhölzern?

- ❐ A Baumweide
- ❐ B Ulme
- ❐ C Aspe

1175 Welche der genannten Pflanzen eignen sich besonders gut zur Anlage einer Proßholzfläche?

- ❐ A Kiefer
- ❐ B Birke
- ❐ C Hainbuche

1176 Welche Frucht ist eine energiereiche Äsung für das Wild?

- ❐ A Schlehe
- ❐ B Eichel
- ❐ C Hagebutte

1177 Welche Insektenarten können dem Wald bedeutende Schäden zufügen?

- ❐ A Nonne
- ❐ B Borkenkäfer
- ❐ C Eichenwickler

1178 Welche Kiefer hat lange, dünne Nadeln?

- ❐ A Schwarzkiefer
- ❐ B Bergkiefer
- ❐ C Weymouthkiefer

1179 Welche Maßeinheit wird in der Bundesrepublik beim Holzeinschlag bzw. Holzverkauf verwendet?

- ❐ A Festmeter
- ❐ B Tonne
- ❐ C Scheffel

1180 Welche Baumarten gehören zu den Weichhölzern?

- ❐ A Buche
- ❐ B Pappel
- ❐ C Ulme

1181 Welche Schutzfunktionen hat der Wald?

- ❒ A Wasserschutz
- ❒ B Bodenschutz
- ❒ C Klimaschutz

1182 Welche Tierarten - außer dem Schalenwild - beißen Triebe und Knospen der jungen Waldbäume ab?

- ❒ A Hasen, Kaninchen
- ❒ B Mäuse
- ❒ C Eichhörnchen

1183 Welche Ursache kann zur Rotfäule der Fichte führen?

- ❒ A Befall mit dem Buchdrucker (Fichtenborkenkäfer)
- ❒ B Verletzung des Wurzelanlaufes beim Herausrücken von Stämmen aus dem Bestand
- ❒ C Schälen des Baumes durch Rotwild

1184 Welche Waldfrüchte haben Bedeutung für die Ernährung des Schalenwildes?

- ❒ A Eiche
- ❒ B Buche
- ❒ C Vogelbeere

1185 Welche Waldschäden durch Rehwild sind belastend?

- ❒ A Schälschäden
- ❒ B Verbissschäden
- ❒ C Plätzschäden

1186 Welcher Baum liefert Mast für das Schalenwild?

- ❒ A Ahorn
- ❒ B Linde
- ❒ C Roßkastanie

1187 Welcher Laubbaum zeigt eine starke Verborkung?

- ❒ A Buche
- ❒ B Hainbuche
- ❒ C Eiche

1188 Welcher Nadelbaum wirft im Herbst die Nadeln ab?

- ❒ A Douglasie
- ❒ B Weymouthskiefer
- ❒ C Lärche

1189 Welche Aussagen zu Waldbeständen sind richtig?

- ❒ A in Reinbeständen können sich Schädlinge leichter verbreiten.
- ❒ B Reine Fichtenbestände sind stärker sturmwurfgefährdet als Mischbestände.
- ❒ C Typische Baumarten des Bergwaldes sind Kiefer, Lärche und Stieleiche.

1190 Welches Holz ist besonders bei Drechslern und Schnitzern beliebt

- ❒ A Hainbuche
- ❒ B Linde
- ❒ C Douglasie

1191 Wie entsteht i.d.R. ein Hochwald?

- ❒ A durch vegetative Vermehrung (Stockausschlag und Wurzelbrut)
- ❒ B durch generative und vegetative Vermehrung
- ❒ C durch generative Vermehrung (Samen)

1192 Wie gewöhnt man Schwarzwild an einen Malbaum?

- ❒ A durch Bestreichen mit Losung
- ❒ B durch Fütterung am Baum
- ❒ C durch Bestreichen mit Buchenteer

1193 Wie hoch liegt der Waldanteil in Deutschland?

- ❒ A bei der Hälfte der Bundesfläche
- ❒ B bei einem Viertel der Bundesfläche
- ❒ C Wald bedeckt ca. 32 % der Fläche Deutschlands.

1194 Welche der Pflanzen deuten auf einen besonders nährstoffreichen Boden hin?

- ❒ A Brennnessel
- ❒ B Heidekraut
- ❒ C Preiselbeere

1195 Wie können Sie das Alter eines jüngeren Fichtenbestandes möglichst genau bestimmen?

- ❒ A Jahresringzählung
- ❒ B Zählen der Astquirle
- ❒ C Zählen der Jahrestriebe

1196 Wie lassen sich Fichten gegen das Schälen des Rotwildes schützen?

- ❒ A Kratzen und Hobeln der Rinde
- ❒ B Grüneinband
- ❒ C optische Scheuchen

1197 Wie nennt man einen Baumbestand, dessen Bäume in Brusthöhe einen Durchmesser von etwa 15 cm haben?

- ❒ A Altholz
- ❒ B Dickung
- ❒ C Stangenholz

1198 Wie nennt man einen Wald, der ungleichaltrig und ungleichartig aufgebaut ist?

- ❒ A Plenterwald
- ❒ B Niederwald
- ❒ C Mischwald

1199 Wie wird beim Fällen von Bäumen die „Fallrichtung" bestimmt?

- ❒ A durch die Lage des Fallkerbes
- ❒ B durch das Entfernen der Äste
- ❒ C durch die Sägegeschwindigkeit

1200 Wozu wird der Rindenhobel verwandt?

- ❒ A zum Entrinden
- ❒ B zum Entasten
- ❒ C zum mechanisch-biologischen Schälschutz

1201 Auf welche der nachgenannten Schalenwildarten ist die Treibjagd erlaubt?

- ❐ A Rotwild
- ❐ B Schwarzwild
- ❐ C Rehwild

1202 Aus welchen Gründen kann die obere Jagdbehörde die Jagd auf Wild mit ganzjähriger Schonzeit zulassen?

- ❐ A zu wissenschaftlichen Zwecken
- ❐ B zur Regulierung des Bestandes
- ❐ C zur Stützung anderer Wildbestände

1203 Bei einer Ansitzdrückjagd erlegt ein Jäger in der Schonzeit einen Rehbock.

- ❐ A es handelt sich um eine Straftat
- ❐ B es handelt sich um eine Ordnungswidrigkeit
- ❐ C es handelt sich um nicht weidgerechte Jagdausübung

1204 Bei welcher Schalenwildart muss der Abschuss innerhalb 1 Woche der Jagdbehörde schriftlich gemeldet werden?

- ❐ A Rotwild
- ❐ B Rehwild
- ❐ C Damwild

1205 Dachse verursachen in einem milchreifen Maisfeld Schaden. Handelt es sich dabei um einen ersatzpflichtigen Wildschaden?

- ❐ A ja
- ❐ B nein
- ❐ C

1206 Darf Schwarzwild in der Notzeit in einem Umkreis von 200 m von Fütterungen erlegt werden?

- ❐ A ja
- ❐ B nein
- ❐ C

1207 Darf der Grundstückseigentümer zur Verhütung von Wildschäden Wild von seinem Grundstück verscheuchen?

- ❐ A ja
- ❐ B nein
- ❐ C

1208 Darf der Inhaber eines Jugendjagdscheines eine Langwaffe käuflich erwerben?

- ❐ A der Jugendjagdschein ermächtigt zum Kauf von einer Langwaffe
- ❐ B eine erfolgreiche Ausbildung für die Jägerprüfung ist Voraussetzung für den Langwaffenerwerb
- ❐ C nein, Voraussetzung ist das vollendete 18. Lebensjahr

1209 Darf der Revierinhaber ohne Erlaubnis der unteren Jagdbehörde Wildkaninchen auch mit Decknetzen bejagen?

- ❐ A ja
- ❐ B nein
- ❐ C

1210 Darf ein Fuchs im Dezember an einer Fütterung geschossen werden?

- ❐ A ja
- ❐ B nein
- ❐ C

1211 Darf ein Jagdbezirksinhaber nach einem Myxomatoseseuchenzug in seinem Jagdbezirk wieder Wildkaninchen aussetzen?

- ❐ A nein, das Aussetzen von Wildkaninchen und Schwarzwild ist verboten.
- ❐ B ja, in diesen Fällen ist es möglich.
- ❐ C das Aussetzen von Wildkaninchen darf nur mit Genehmigung der höheren Jagdbehörde erfolgen.

1212 Darf man beim Fuchssprengen Decknetze benutzen?

- ❐ A ja
- ❐ B nein
- ❐ C

1213 Darf man mit Bracken auf einer Fläche von 500 ha die Stöberjagd ausüben?

- ❐ A ja
- ❐ B nein
- ❐ C nur mit Genehmigung der Jagdgenossenschaft

1214 Darf Rotwild im November an Kirrungen erlegt werden?

- ❐ A ja
- ❐ B nein
- ❐ C

1215 Darf Schalenwild mit Pfeil und Bogen erlegt werden?

- ❐ A ja
- ❐ B nein
- ❐ C

1216 Das Verbot der Nachtjagd auf Schalenwild (außer Schwarzwild) und Federwild (außer Möwen, Waldschnepfen, Auer-, Birk- und Rackelwild) gilt ...

- ❐ A zwischen 22.00 und 06.00 Uhr
- ❐ B zwischen eineinhalb Stunden nach Sonnenuntergang und eineinhalb Stunden vor Sonnenaufgang
- ❐ C nicht in den Nächten drei Tage vor und nach Vollmond

1217 Der Inhaber eines Jugendjagdscheines übt die Jagd ohne Begleitperson aus. Welcher Tatbestand liegt vor?

- ❐ A Straftat nach § 38 BJG
- ❐ B Jagdwilderei nach § 292 StGB
- ❐ C Ordnungswidrigkeit nach § 39 BJG

1218 Der Jagdschutz beinhaltet nicht den Schutz des Wildes vor ...

- ❐ A wildernden Hunden
- ❐ B Wildseuchen
- ❐ C Raubwild

1219 Dürfen in Deutschland Tellereisen im Jagdbetrieb verwendet werden?

- ❐ A ja
- ❐ B nein
- ❐ C ab Durchmesser 15 cm gestattet

1220 Dürfen Sie Frischlinge mit der Patrone .222 Remington schießen?

- ❐ A ja
- ❐ B nein
- ❐ C

1221 Dürfen Sie im Scheinwerferlicht Ihres Pkw im Jagdbezirk eine wildernde Katze erlegen?

- ❒ A nein, die Jagd mit künstlichen Lichtquellen ist streng verboten.
- ❒ B ja, nur mit schriftlicher Genehmigung der unteren Jagdbehörden
- ❒ C ja, denn Katzen gehören nicht zum jagdbaren Wild.

1222 Ein Dachs verursacht in einem Weizenfeld beträchtlichen Schaden durch Niedertreten der Halme. Um welchen Schaden handelt es sich?

- ❒ A ersatzpflichtigen Wildschaden
- ❒ B Wildschaden, der nicht ersatzpflichtig ist
- ❒ C Jagdschaden

1223 Ein Jagdausübungsberechtigter erlangt die Jagdschutzberechtigung in seinem Jagdbezirk ...

- ❒ A kraft Gesetzes als eigenes Recht
- ❒ B mittels öffentlich-rechtlicher Bestätigung durch die untere Jagdbehörde
- ❒ C überhaupt nicht; die hat nur ein Jagdaufseher

1224 Ein Jagdgast verursacht beim Abtransport eines erlegten Keilers in grobfahrlässiger Weise erheblichen Schaden in einem Maisfeld. Muss der Revierinhaber auch für diesen Schaden haften?

- ❒ A ja
- ❒ B nein
- ❒ C

1225 Ein Jäger erlegt am 1. Mai 0:30 Uhr einen Rehbock. Ist dies statthaft?

- ❒ A ja, Rehböcke gehen jetzt am 1. Mai auf
- ❒ B nein, Verstoß gegen das Nachtjagdverbot
- ❒ C ja, er hat den Rehbock vorher mit einem Handscheinwerfer sicher angesprochen.

1226 Ein Jäger erlegt im Juli einen Rehbock in einer Entfernung von 150 m von einer Fütterungseinrichtung. Handelte er gesetzwidrig?

- ❒ A nein, das Verbot gilt nur für die Notzeit im Umkreis von 200 m von Fütterungseinrichtungen
- ❒ B ja, Schalenwild im Umkreis von 300 m von Fütterungen zu erlegen, ist gesetzwidrig
- ❒ C ja, denn Schalenwild steht auch im Sommer häufig in der Nähe von Fütterungen

1227 Welche Grundsätze verfolgen die Jagdgesetze in Deutschland? Die Jagdausübung soll...

- ❒ A möglichst hohe Wildbestände erhalten.
- ❒ B Beeinträchtigungen der Landnutzung möglichst vermeiden.
- ❒ C dazu beitragen, die natürlichen Lebensgrundlagen des Wildes zu erhalten und zu verbessern

1228 Eine Rotte Schwarzwild richtet an einem mit Plastikfolie abgedeckten und mit Reifen beschwerten Maisbehelfssilo des Jagdgenossen A Schaden an. Hat A Anspruch auf Ersatz von Wildschaden?

- ❒ A ja
- ❒ B nein
- ❒ C

1229 Feldhasen haben eine in der freien Feldflur liegende Obstbaumkultur durch Abnagen der Rinde schwer beschädigt. Ist der Jagdpächter, der die Wildschadensersatzpflicht der Jagdgenossenschaft laut Jagdpachtvertrag übernommen hat, schadensersatzpflichtig?

- ❒ A ja
- ❒ B nein
- ❒ C

1230 Für welche Wildart besteht eine gesetzliche Wildschadensersatzpflicht?

- ❒ A Feldhase
- ❒ B Wildkaninchen
- ❒ C Fasanen

1231 Bei welcher Schalenwildart muss der Abschluss innerhalb einer Woche der Jagdbehörde gemeldet werden?

- ❒ A Rehwild
- ❒ B Gamswild
- ❒ C Rotwild

1232 Innerhalb welcher Frist ist Wildschaden an einer landwirtschaftlichen Kultur anzuzeigen?

- ❒ A sofort
- ❒ B innerhalb einer Woche nach Kenntnis
- ❒ C bis zum letzten Kalendertag des laufenden Monats

1233 Ist bei einer Mehrzahl von Jagdpächtern der Jagderlaubnisschein von einem oder von allen Pächtern zu unterzeichnen?

- ❒ A er ist von allen Pächtern zu unterzeichnen.
- ❒ B er ist wenigstens von einem Pächter zu unterzeichnen.
- ❒ C er muss von drei Pächtern unterzeichnet werden.

1234 Ist dem Jagdvorstand bei der Aufstellung des Abschussplans für das Gemeinschaftsjagdrevier eine Einflussnahme gesetzlich eingeräumt?

- ❒ A ja
- ❒ B nein
- ❒ C

1235 Ist der Jagdausübungsberechtigte verpflichtet, den festgesetzten Abschussplan zu erfüllen?

- ❒ A ja, für alle Wildarten
- ❒ B ja, jedoch nur für Schalenwild
- ❒ C nein

1236 Ist durch Schwarzwild verursachter Schaden an einer Kartoffelmiete ersatzpflichtig?

- ❒ A ja, es ist Wildschaden i.S. des Bundesjagdgesetzes
- ❒ B nein, es handelt sich um eingeerntete Feldfrüchte
- ❒ C über den Schadenersatz an Mieten müssen sich der Geschädigte und der Schadenersatzpflichtige gütlich einigen

1237 Ist es nach den jagdgesetzlichen Bestimmungen erlaubt, Hasen und Wildenten mit der Kugel zu erlegen?

- ❒ A ja
- ❒ B nein
- ❒ C

1238 Kann die Untere Jagdbehörde Einblick in die Streckenliste verlangen?

- ❒ A zum Ende der Pachtperiode
- ❒ B zum Ende des Jagdjahres
- ❒ C jederzeit

1239 Muss der durch Hasen in einer Laubholzpflanzung verursachte Wildschaden von der Jagdgenossenschaft oder dem Jagdpächter ersetzt werden?

- ❒ A ja
- ❒ B nein
- ❒ C

1240 Sie schießen am 12. Oktober einen Rehbock durch hohen Vorderlaufschuss krank. Die Nachsuche bleibt erfolglos. Am 19. Oktober haben Sie den Bock wieder schussgerecht vor sich. Müssen Sie den Bock erlegen?

- ❒ A ja
- ❒ B nein
- ❒ C

1241 Welche Aussagen zum Elterntierschutz sind richtig?

- ❐ A Der Elterntierschutz gilt nur für Wildarten mit Schonzeit.
- ❐ B Die Jagdausübung auf Elterntiere, die zur Aufzucht notwendig sind, ist während der Brut- und Setzzeit nicht erlaubt.
- ❐ C Bei bestimmten Wildtierarten beteiligt sich auch das Männchen an der Aufzucht und ist deshalb in dieser Zeit mit der Jagd zu verschonen.

1242 Wann ist Nachtzeit im Sinne des Bundesjagdgesetzes?

- ❐ A von 22 Uhr bis 6 Uhr
- ❐ B wenn man auf 100 m Farben nicht mehr deutlich erkennt
- ❐ C 1 1/2 Stunden nach Sonnenuntergang bis 1 1/2 Stunden vor Sonnenaufgang

1243 Was hat der Jagdausübende zu veranlassen, wenn noch keine Wildfolge vereinbart ist und ein krankgeschossenes Stück Schalenwild in den benachbarten Jagdbezirk wechselt, ohne sich in Sichtweite von der Grenze niederzutun?

- ❐ A er hat unverzüglich die Verfolgung des Stückes aufzunehmen und zu versuchen, das Stück zur Strecke zu bringen.
- ❐ B die Stelle des Überwechselns ist kenntlich zu machen, der benachbarte Jagdpächter ist unverzüglich zu verständigen.
- ❐ C er muss dem krankgeschossenen Stück folgen, um den neuen Einstand festzustellen.

1244 Was ist eine Wildfolgevereinbarung?

- ❐ A Pflicht zur Hege
- ❐ B eine Vereinbarung zwischen Jagdausübungsberechtigten
- ❐ C freiwillige Verpflichtung zur Verfolgung krankgeschossenen Wildes

1245 Welche Aufgabe obliegt dem Jagdbeirat?

- ❐ A Durchführung der Ehrengerichtsverfahren des DJV
- ❐ B Beratung des Vorstandes der Landesvereinigung der Jäger
- ❐ C Beratung der Jagdbehörde

1246 Welche Interessengruppen sind im Jagdbeirat der unteren und höheren Jagdbehörde vertreten?

- ❐ A Landwirtschaft
- ❐ B Forstwirtschaft
- ❐ C Naturschutz

1247 Welche Jagdausübungsmöglichkeiten hat der Inhaber eines Jugendjagdscheines, wenn sein Vater Jagdscheininhaber und Jagdpächter ist?

- ❐ A er darf in Begleitung seines Vaters an Treibjagden als Jäger teilnehmen.
- ❐ B er darf an einer Streife auf Hasen als Jäger teilnehmen, an der außer ihm und seinem Vater noch 2 Jäger beteiligt sind.
- ❐ C er darf im Revier seines Vaters allein die Jagd ausüben.

1248 Welche jagdbaren Tiere dürfen nur mit Genehmigung der obersten Jagdbehörde ausgesetzt werden?

- ❐ A Schwarzwild
- ❐ B alle Wildarten außer Schwarzwild und Wildkaninchen
- ❐ C Kaninchen

1249 Welche Munition ist für den Schuss auf Rehwild verboten?

- ❐ A Posten
- ❐ B Büchsenpatronen, deren Auftreffwucht auf 100 m mehr als 1000 Joule betragen
- ❐ C Büchsenpatronen mit einem Kaliber unter 6,5 mm

1250 Welche Schalenwildart wird in der freien Wildbahn nicht nach einem Abschussplan bejagt?

- ❐ A Rotwild
- ❐ B Rehwild
- ❐ C Schwarzwild

1251 Welche Wildart darf vorbehaltlich des § 22 Abs. 4 BJG ganzjährig bejagt werden?

- ❒ A Ringel- und Türkentauben
- ❒ B Schwarzwild
- ❒ C Baum- und Steinmarder

1252 Welche Dokumente sind Voraussetzung für die erstmalige Erteilung eines Jahresjagdscheines?

- ❒ A schriftlicher Nachweis über eine bestehende Jagdgelegenheit
- ❒ B Jägerprüfungszeugnis
- ❒ C Nachweis einer ausreichenden Jagdhaftpflichtversicherung

1253 Welcher Personenkreis ist jagdschutzberechtigt?

- ❒ A Polizei
- ❒ B Forstbeamte
- ❒ C Jagdausübungsberechtigter

1254 Welche der folgenden Jagdarten auf Schwarzwild sind ohne besondere behördliche Genehmigung zulässig?

- ❒ A Treibjagd
- ❒ B Ansitzjagd zur Nachtzeit
- ❒ C Fangjagd über Saufänge

1255 Wer ist zum Ersatz des Wildschadens verpflichtet, wenn der Jagdpächter die Wildschadensersatzpflicht im Jagdpachtvertrag übernommen hat, aber zahlungsunfahig ist?

- ❒ A der Staat
- ❒ B die Landwirtschaftliche Berufsgenossenschaft
- ❒ C die Jagdgenossenschaft

1256 Wie bezeichnet man diejenige Verteidigung, welche erforderlich ist, um einen gegenwärtigen rechtswidrigen Angriff von sich oder einem anderen abzuwenden?

- ❒ A Notstand
- ❒ B Notwehr
- ❒ C Selbstverteidigung

1257 Wie kann eine Ordnungswidrigkeit geahndet werden?

- ❒ A mit einer Geldstrafe
- ❒ B mit einer Freiheitsstrafe
- ❒ C mit einer Geldbuße

1258 Wo hat der Landwirt seine Wildschadenansprüche geltend zu machen?

- ❒ A bei der unteren Jagdbehörde
- ❒ B bei der Landwirtschaftskammer
- ❒ C bei der zuständigen Gemeinde

1259 Zur Nachtzeit darf unter anderem nicht erlegt werden:

- ❒ A Schalenwild (ausgenommen Schwarzwild)
- ❒ B Möwen und Waldschnepfen
- ❒ C Auer-, Birk- und Rackelwild

1260 Benötigt der Revierinhaber eine jagdbehördliche Erlaubnis, wenn er in einem befriedeten Bezirk mit Zustimmung des Grundstückseigentümers einen Steinmarder schießen möchte?

- ❒ A ja
- ❒ B nein
- ❒ C

1261 Ein Revierinhaber erlegt in einem 2000 qm großen umzäunten Hausgarten hinter dem Wohnhaus seines Jagdfreundes mit der Schusswaffe ein Wildkaninchen und nimmt es an sich. Ist diese Jagdhandlung zulässig?

- ❐ A ja, weil Wildkaninchen als schädlicheWildart überall erlegt werden dürfen
- ❐ B nein, weil der Hausgarten zum befriedeten Bezirk gehört, in dem grundsätzlich die Jagd ruht
- ❐ C

1262 In welchem Umkreis von Fütterungen darf Schalenwild in Notzeiten nicht erlegt werden?

- ❐ A im Umkreis von 100 m
- ❐ B im Umkreis von 500 m
- ❐ C im Umkreis von 200 m

1263 Wie ist mit Grundflächen zu verfahren, die zu keinem Jagdbezirk gehören?

- ❐ A für diese Flächen gibt es keinerlei jagdliche Beschränkungen.
- ❐ B auf diesen Flächen darf nur Raubwild und Schwarzwild bejagt werden.
- ❐ C auf diesen Flächen ruht die Jagd.

1264 Welche Mindestgröße müssen zusammenhängende land-, forst- oder fischereiwirtschaftlich nutzbare Grundflächen aufweisen, die im Eigentum ein und derselben Person stehen, um einen Eigenjagdbezirk zu bilden?

- ❐ A 60 ha
- ❐ B 75 ha
- ❐ C 100 ha

1265 Was versteht man unter einer Angliederungsgenossenschaft?

- ❐ A Vertretung mehrer Eigentümer, deren Grundstücke einem Eigenjagdbezirk angegliedert sind
- ❐ B Zusammenschluss mehrerer Jagdgenossenschaften
- ❐ C Zusammenschluss mehrerer Eigenjagdbezirke

1266 Welche Grundflächen bilden einen gemeinschaftlichen Jagdbezirk?

- ❐ A alle Grundflächen einer Gemeinde mit Ausnahme der befriedeten Bezirke
- ❐ B alle Grundflächen einer Gemeinde, soweit sie land-, forst oder fischereiwirtschaflich nutzbar sind
- ❐ C alle Grundflächen einer Gemeinde oder abgesonderten Gemarkung, die nicht zu einem Eigenjagdbezirk gehören, wenn sie im Zusammenhang mindestens 50 ha umfassen

1267 Unter welcher Voraussetzung können zwei Gemeinden zu einem gemeinschaftlichen Jagdbezirk zusammengeschlossen werden?

- ❐ A wenn jeder beteiligte Jagdbezirk mindestens 300 ha umfasst
- ❐ B es gibt keine Einschränkungen
- ❐ C nur wenn beide Gemeinden die gesetzliche Mindestgröße erst durch den Zusammenschluss erreichen

1268 Sind Pächter von Grundflächen, die in einem Gemeinschaftsjagdrevier liegen und auf denen die Jagd ausgeübt werden kann, Mitglieder der Jagdgenossenschaft?

- ❐ A ja
- ❐ B nein
- ❐ C

1269 Die Jagdgenossenschaft hat noch keinen Jagdvorstand gewählt. Wer muss als Notvorstand bis zur Wahl des neuen Jagdvorstandes die Geschäfte wahrnehmen?

- ❐ A der Oberkreisdirektor/Landrat
- ❐ B der Gemeindevorstand (Bürgermeister)
- ❐ C der Kreisjagdbeirat

1270 Welche Rechtsform hat die Jagdgenossenschaft?

- ❐ A eingetragener Verein
- ❐ B Körperschaft des öffentlichen Rechts
- ❐ C Gesellschaft mit beschränkter Haftung

1271 Wer vertritt die Jagdgenossenschaft gerichtlich und außergerichtlich?

- ❐ A der Vorsitzende
- ❐ B der Schatzmeister der Jagdgenossenschaft
- ❐ C der Jagdvorstand

1272 Ihr Jagdhund ist unheilbar krank. Welche Aussage ist richtig?

- ❐ A Ein befreundeter Jagdscheininhaber darf den Hund im Revier erschießen.
- ❐ B Sie bringen den Hund zum Tierarzt, damit er dort eingeschläfert werden kann.
- ❐ C Sie dürfen den Hund auf Ihrem Grundstück ohne weiteres mit einer geeigneten Jagdwaffe töten.

1273 Darf die Jagdgenossenschaft die Verpachtung ihres Gemeinschaftsjagdreviers auf den Kreis der Jagdgenossen beschränken?

- ❐ A ja
- ❐ B nein
- ❐ C

1274 Sie vermuten, dass in Ihrem Revier eine Wildseuche aufgetreten ist. Innerhalb welcher Frist müssen Sie Ihre Vermutung der zuständigen Behörde melden?

- ❐ A Es ist überhaupt keine Meldung erforderlich.
- ❐ B Innerhalb einer Woche
- ❐ C Unverzüglich

1275 Nennen Sie Aufgaben einer Hegegemeinschaft

- ❐ A Biotopverbesserung
- ❐ B Abschussplangestaltung
- ❐ C Trophäenbewertung

1276 Muss jeder Revierinhaber Mitglied einer Hegegemeinschaft sein?

- ❐ A ja
- ❐ B nein
- ❐ C

1277 Für welche Tiere gilt das Tierschutzgesetz?

- ❐ A ausschließlich für Tiere, die nicht dem Jagdrecht unterliegen.
- ❐ B für Jagdhunde
- ❐ C für jagdbare Tiere

1278 Der Eigentümer eines in Ihrem Jagdrevier gelegenen Einödhofes bittet Sie, seinen an der Kette liegenden Hofhund zu erschießen, da er schon alt und krank sei. Was tun Sie?

- ❐ A Sie weisen das Ansinnen zurück.
- ❐ B Sie erschießen den Hund im Hof des Eigentümers, um ihn von weiteren Leiden zu befreien.
- ❐ C Sie bringen den Hund ins Jagdrevier und erschießen ihn mit der Jagdwaffe.

1279 Was versteht man unter einem Jagdbogen?

- ❐ A Teil eines Jagdbezirkes
- ❐ B Formular für die Jahresabrechnung der Abschussplanerfüllung
- ❐ C bogenförmige Aufstellung von Schützen und Treibern bei der Kesseljagd

1280 In welchem Zeitraum ist es verboten, in der freien Natur Hecken und lebende Zäune zurückzuschneiden oder auf den Stock zu setzen?

- ❐ A 1. März bis 30. September
- ❐ B 1. April bis 31. Oktober
- ❐ C Nur nach behördliche Genehmigung.

1281 Welchen Zeitraum umfasst das Jagdjahr?

- ❐ A vom 1. Januar bis 31. Dezember
- ❐ B vom 1. April bis 31. März
- ❐ C vom 16. Mai bis zum 15. Oktober

1282 Ein Jäger löst am 22.5.2025 erstmals einen Jahresjagdschein, danach am 28.3.2026 einen Dreijahres-Jagdschein für drei Jagdjahre. Wann erwirbt er die Pachtfähigkeit?

- ❐ A am 1. April 2028
- ❐ B am 23. Mai 2028
- ❐ C am 1. April 2029

1283 Welche jagdlichen Vereinbarungen bedürfen der Schriftform?

- ❐ A Jagdpachtvertrag
- ❐ B Wildfolgevereinbarung
- ❐ C Jagderlaubnisschein

1284 Ein beschossenes Stück Schwarzwild verendet in Sichtweite von der Grenze in einem benachbarten Jagdbezirk. Der Schütze (Jagdgast) will das Stück nach dem Versorgen fortschaffen. Darf er das?

- ❐ A ja, weil es in Sichtweite niedergegangen ist.
- ❐ B ja, weil das der gesetzlichen Wildfolge entspricht.
- ❐ C nein, er würde Jagdwilderei begehen.

1285 Aufgrund einer mündlich erteilten unentgeltlichen Jagderlaubnis darf der Jagdgast ...

- ❐ A an einer vom Jagdausübungsberechtigten geleiteten Treibjagd teilnehmen
- ❐ B auch ohne in Begleitung des Jagdausübungsberechtigten oder eines von diesem beauftragten Jagdschutzberechtigten zu sein, die Jagd ausüben
- ❐ C im Jagdbezirk des Jagdausübungsberechtigten nur in Begleitung anderer Jäger jagen

1286 Auf welchem Wege kann ein gemeinschaftlicher Jagdbezirk verpachtet werden?

- ❐ A Versteigerung
- ❐ B Submission
- ❐ C freihändige Vergabe

1287 Ein neu abgeschlossener oder geänderter Jagdpachtvertrag ist der unteren Jagdbehörde anzuzeigen. Wer ist anzeigeberechtigt?

- ❐ A nur der Verpächter
- ❐ B nur der Pächter
- ❐ C sowohl der Pächter als auch der Verpächter

1288 Welche Formvorschrift besteht für einen Jagdpachtvertrag?

- ❐ A er ist schriftlich abzuschließen, die Pachtdauer muss mindestens 9 Jahre betragen.
- ❐ B er bedarf der notariellen Beurkundung, die Pachtdauer muss mindestens 9 Jahre betragen.
- ❐ C es reicht eine mündliche Verabredung, die Pachtdauer muss mindestens 12 Jahre betragen.

1289 Darf ein Jagdpächter sofort nach Abschluss des Jagdpachtvertrages die Jagd ausüben?

- ❐ A ja, die Jagd darf am Tage nach Abschluss des Jagdpachtvertrages ausgeübt werden.
- ❐ B über den Zeitpunkt der Jagdausübung nach Abschluss des Jagdpachtvertrages gibt es keine jagdgesetzlichen Regelungen.
- ❐ C nein, erst nach 3 Wochen, es sei denn, die Jagdbehörde gestattet die Jagdausübung zu einem früheren Zeitpunkt.

1290 In welchem Fall verliert der Jagdpächter seine Jagdpachtfähigkeit?

- ❐ A durch die unanfechtbare Entziehung des Jagdscheins
- ❐ B durch das Verbot der Jagdausübung
- ❐ C durch die Ahndung einer Ordnungswidrigkeit im Bußgeldverfahren

1291 Welche Folge hat der unanfechtbar gewordene Entzug des Jagdscheines für einen Jagdpächter?

- ❒ A sein Jagdpachtvertrag erlischt.
- ❒ B die Jagdbehörde kann seinen Jagdpachtvertrag beanstanden.
- ❒ C dies hat keinen Einfluss auf seinen Jagdpachtvertrag.

1292 Darf ein Eigentümer eines Eigenjagdbezirkes sein Jagdausübungsrecht sofort nach Erhalt des ersten Jahresjagdscheines ausüben?

- ❒ A ja
- ❒ B nein
- ❒ C

1293 Welchen Geltungsbereich umfasst der deutsche Jagdschein?

- ❒ A das jeweilige Bundesland
- ❒ B das gesamte Bundesgebiet
- ❒ C den Bereich der jeweiligen unteren Jagdbehörde

1294 Wo gilt ein im Saarland ausgestellter Jagdschein?

- ❒ A im Saarland
- ❒ B im gesamten Bundesgebiet
- ❒ C im Bundesgebiet vor dem 3. Oktober 1990

1295 Zählen eingezäunte Forstkulturflächen bei der Berechnung der Mindestgröße eines Gemeinschaftsjagdreviers mit?

- ❒ A ja
- ❒ B nein
- ❒ C

1296 Welche rechtliche Bedeutung hat der Inbesitznahmebruch?

- ❒ A er ist nur ein Zeichen im jagdlichen Brauchtum.
- ❒ B er ist die letzte Ehre gegenüber der erlegten Kreatur.
- ❒ C er soll die rechtmäßige Aneignung im Gegensatz zum gewilderten Stück anzeigen.

1297 Die Hege des Wildes als gesetzliche Pflicht ist verbunden ...

- ❒ A mit dem Jagdrecht
- ❒ B mit dem Tierschutzrecht
- ❒ C mit dem Grundeigentum

1298 Welche der nachstehenden Aussagen ist richtig?

- ❒ A das Jagdausübungsrecht steht allen Grundeigentümern auf ihrem Grund und Boden zu.
- ❒ B mit dem Jagdrecht ist die Pflicht zur Hege verbunden.
- ❒ C das Jagdrecht ist identisch mit dem Jagdausübungsrecht.

1299 Welche Pflicht ist mit dem Jagdrecht verbunden?

- ❒ A die Pflicht zur Hege
- ❒ B die Pflicht zum Abschließen einer Wildfolgevereinbarung
- ❒ C die Pflicht zum Erwerb eines Jagdscheins

1300 Wann darf ein Jäger im Sinne des Tierschutzgesetzes seinen Hund auf ein anderes Tier hetzen?

- ❒ A im Rahmen der Ausbildung
- ❒ B niemals
- ❒ C im Rahmen der weidgerechten Jagdausübung

1301 Benötigt man zur Ausübung der Fangjagd einen Jagdschein?

- ❒ A nein, es handelt sich um keine Jagdausübung.
- ❒ B ja, aber nur für den Fang von Füchsen mit sofort tötenden Fangeisen.
- ❒ C ja, es handelt sich um Jagdausübung gem. Bundesjagdgesetz.

1302 Der Begriff „Erlegen" umfasst ...

- ❒ A alle Handlungen, die unmittelbar auf das Töten des Wildes ausgerichtet sind
- ❒ B nur das Abgeben des Fangschusses oder das Abknicken des Wildes
- ❒ C alle Handlungen, die darauf gerichtet sind, dem Wilde nachzustellen

1303 Ein Jagdausübungsberechtigter hat in seinem Jagdbezirk ein Rebhuhn erlegt und es präparieren lassen. Er darf dieses Rebhuhnpräparat

- ❒ A zum Verkauf anbieten
- ❒ B nicht zum Verkauf anbieten
- ❒ C nur zu Zwecken der Forschung und Lehre abgeben

1304 Was verstehen Sie unter dem Jagdausübungsrecht?

- ❒ A das Jagdausübungsrecht steht allen Grundeigentümern auf ihrem Grund und Boden zu.
- ❒ B das Jagdausübungsrecht ist das Recht, in einem Jagdbezirk Wild zu hegen und zu bejagen.
- ❒ C das Jagdausübungsrecht ist identisch mit dem Jagdrecht.

1305 Wird zum Sammeln von Abwurfstangen ein Jagdschein benötigt?

- ❒ A ja, grundsätzlich
- ❒ B nein, nur die schriftliche Erlaubnis des Jagdausübungsberechtigten
- ❒ C nein, nur die schriftliche Genehmigung der unteren Jagdbehörde

1306 Unterliegen aus Wildgehegen ausgebrochene Tiere dem Jagdrecht?

- ❒ A ja
- ❒ B nein
- ❒ C ja, wenn der Eigentümer die Bemühungen aufgegeben hat, sie einzufangen

1307 Welche in der Natur tot aufgefundene Tierart darf ein Jagdausübungsberechtigter für den eigenen Bedarf präparieren lassen?

- ❒ A Waldkauz
- ❒ B Graureiher
- ❒ C Eisvogel

1308 Welche der nachstehenden Vogelarten unterliegt dem Jagdrecht?

- ❒ A Gänsesäger
- ❒ B Kormoran
- ❒ C Schwarzstorch

1309 Welches erlegte Federwild darf der Jagdausübungsberechtigte nicht an den Wildhandel abgeben?

- ❒ A Fasan
- ❒ B Graugans
- ❒ C Waldschnepfe

1310 Welche der nachgenannten Tierarten unterliegen dem Jagdrecht?

- ❒ A Kolkrabe
- ❒ B Bekassine
- ❒ C Wachtel

1311 Welche der nachgenannten Tierarten unterliegen dem Jagdrecht?

- ❐ A Uhu
- ❐ B Zwergtaucher
- ❐ C Höckerschwan

1312 Welche der nachgenannten Vogelarten unterliegen nicht dem Jagdrecht?

- ❐ A Haselwild
- ❐ B Waldschnepfe
- ❐ C Brachvogel

1313 Welche der nachgenannten Vogelarten unterliegen nicht dem Jagdrecht?

- ❐ A Wachtel
- ❐ B Alpenschneehuhn
- ❐ C Steinhuhn

1314 Welche Hühnervogelart unterliegt nicht dem Jagdrecht?

- ❐ A Rothuhn
- ❐ B Wachtel
- ❐ C Alpenschneehuhn

1315 Rehwild gehört zum ...

- ❐ A Hochwild
- ❐ B Mittelwild
- ❐ C Niederwild

1316 Welche der folgenden Wildarten gehört nicht zum Hochwild?

- ❐ A Muffelwild
- ❐ B Rehwild
- ❐ C Auerwild

1317 Welche Wildarten gehören zum Niederwild?

- ❐ A Steinadler
- ❐ B Graureiher
- ❐ C Birkwild

1318 Wem steht das Jagdrecht auf einem Grundstück zu?

- ❐ A dem Jagdausübungsberechtigten
- ❐ B dem bestätigten Jagdaufseher
- ❐ C dem Eigentümer

1319 Die gesetzliche Unfallversicherung der Jagden ...

- ❐ A tritt mit der Übernahme eines Jagdbezirks automatisch in Kraft.
- ❐ B wird zusammen mit der Jagdhaftpflicht abgeschlossen.
- ❐ C ist nachzuweisen, bevor der Jagdschein gelöst werden kann.

1320 Was verstehen Sie unter dem Reviersystem?

- ❐ A das Jagdrecht wird in Jagdbezirken ausgeübt.
- ❐ B das Jagdrecht steht jedermann zu.
- ❐ C das Jagdrecht wird in Lizenz vergeben.

1321 Ein Eisenbahnkörper ...

- ❒ A kann den Zusammenhang zur Bildung eines Jagdbezirkes zwischen getrennt liegenden Flächen herstellen
- ❒ B kann den Zusammenhang eines Jagdbezirkes unterbrechen
- ❒ C unterbricht nicht den Zusammenhang eines Jagdbezirkes

1322 Jagdbezirke können durch Abtrennung, Angliederung oder Austausch von Grundflächen abgerundet werden. Welche Erfordernisse sind dafür notwendig?

- ❒ A Jagdpflege und Jagdausübung
- ❒ B Anzahl der Jagdpächter
- ❒ C Besiedlungsdichte in den angrenzenden Orten (befriedete Bezirke)

1323 Innerhalb welcher Frist muss das Mitglied einer Jagdgenossenschaft, das dem Beschluss nicht zugestimmt hat, seinen Anspruch auf Auszahlung seines Anteils geltend machen?

- ❒ A binnen 2 Wochen nach Beschlussfassung
- ❒ B binnen eines Monats nach Beschlussfassung
- ❒ C binnen eines Monats nach Bekanntgabe des Beschlusses

1324 Wem steht neben der Berechtigung zum Jagdschutz auch noch die Aufgaben und Befugnisse der Naturschutzwacht zu?

- ❒ A dem Jagdgast, dem gleichzeitig die Ausübung des Jagdschutzes vom Revierinhaber übertragen ist
- ❒ B dem Revierinhaber
- ❒ C dem bestätigten Jagdaufseher, der Berufsjäger oder forstlich ausgebildet ist

1325 Welche wildlebende Säugetierart gehören naturschutzrechtlich zu den besonders geschützten Arten?

- ❒ A Wildkatze
- ❒ B Fischotter
- ❒ C Haselmaus

1326 Welche wildwachsenden Pflanzenarten dürfen grundsätzlich nicht gepflückt werden?

- ❒ A Leberblümchen
- ❒ B Gemeine Schafgarbe
- ❒ C Echte Kamille

1327 Sind Eigentümer und Nutzungsberechtigte von Grundflächen zur Duldung von Maßnahmen des Naturschutzes und der Landschaftspflege verpflichtet?

- ❒ A nein
- ❒ B ja, aber nur auf der Grundlage einer dazu erlassenen Rechtsvorschrift
- ❒ C ja, wenn er von der Gemeinde eine schriftliche Aufforderung erhält

1328 Welche Zielstellung verfolgt das Bundesnaturschutzgesetz

- ❒ A Ziel ist die Erhaltung der Naturressourcen für die Nutzung durch den Menschen
- ❒ B Ziel ist die Erhaltung der Tiere und Pflanzen in ihrer ursprünglichen Vielfalt.
- ❒ C die Leistungsfähigkeit des Naturhaushaltes, die Nutzungsfähigkeit der Naturgüter, die Pflanzen- und Tierwelt sowie die Vielfalt, Eigenart und Schönheit von Natur und Landschaft als Lebensgrundlage der Menschen nachhaltig zu sichern.

1329 Die Richtlinie des Rates der Europäischen Gemeinschaft über die Erhaltung der wildlebenden Vogelarten (EG-Vogelschutzrichtlinie) ...

- ❒ A beschreibt die Anforderungen, die in Europa beheimatete Vogelwarten an ihre Biotope stellen.
- ❒ B regelt den Bestandsschutz, die Haltung und Vermarktung sämtlicher Vogelarten, die in den Mitgliedsstaaten heimisch sind.
- ❒ C regelt den internationalen Handel mit gefährdeten Arten freilebender Tiere und Pflanzen in der Gemeinschaft

1330 Welche Biotope stehen nicht unter besonderem Schutz

- ❒ A Fels- und Steilküsten
- ❒ B Bruch-, Sumpf- und Auewälder
- ❒ C Landwirtschaftsbrachen mit Ackerunkrautbewuchs

1331 Biotopkapazität ist ...

- ❐ A das Fassungsvermögen einer Lebensstätte.
- ❐ B die Eintragung schutzwürdiger Biotope in eine Karte.
- ❐ C der Sammelbegriff für Maßnahmen, die geeignet sind, erhaltenswerte Biotope in ihrem derzeitigen Zustand zu bewahren oder zu verbessern.

1332 Welche Einrichtung hat in erster Linie die Aufgabe, die untere Naturschutzbehörde fachlich zu beraten?

- ❐ A die Naturschutzwacht
- ❐ B der Naturschutzbeirat
- ❐ C die Naturschutzakademie

1333 Ein Landschaftsplan enthält unter anderem:

- ❐ A Art und Maß der baulichen Nutzung von Baugebieten
- ❐ B Landschaftszustand, Entwicklungsziele für die Landschaft und Erschließungsmaßnahmen
- ❐ C besondere schützenswerte Tierarten

1334 Wo sind weltweit die vom Aussterben bedrohten Tier- und Pflanzenarten erfasst?

- ❐ A im Washingtoner grünen Buch
- ❐ B in den sogenannten Roten Listen
- ❐ C an der Erfassung und Erarbeitung diesbezüglicher Dokumente arbeiten die Umweltorganisationen.

1335 Was ist eine CITES-Bescheinigung?

- ❐ A eine Wildfolgevereinbarung
- ❐ B ein Handelsdokument für geschützte Tiere und Pflanzen
- ❐ C ein Auszug aus den Jagdpachtvertrag

1336 Welche Kategorie von Schutzgebieten gibt es gem. Bundesnaturschutzgesetz nicht?

- ❐ A Naturschutzreservation
- ❐ B Nationalpark
- ❐ C Naturdenkmal

1337 Was können Naturdenkmäler sein?

- ❐ A ein besonderer Baum
- ❐ B eine natürliche Quelle
- ❐ C ein besonders schöner Vogel

1338 Was ist nach dem Bundesnaturschutzgesetz (BNatSchG) unter dem Begriff „Tier" zu verstehen?

- ❐ A nur Tiere geschützter Arten
- ❐ B nur Tierarten des Washingtoner Abkommens
- ❐ C alle wild lebenden, gefangenen oder gezüchteten Tiere sowie auch tote Tiere wild lebender Arten, die nicht herrenlos geworden sind.

1339 Was verstehen Sie unter Artenschutz?

- ❐ A Schutz, Pflege, Entwicklung und Wiederherstellung von Biotopen, Gewährleistung der Lebensbedingungen
- ❐ B pflegliche Nutzung der Naturressourcen
- ❐ C Wiedereinbürgerung ausgestorbener, früher heimischer Tier- und Pflanzenarten

1340 Welche wildwachsenden Pflanzenarten dürfen grundsätzlich nicht gepflückt werden?

- ❐ A Silberdistel
- ❐ B Frühlings- Adonisröschen
- ❐ C Frauenschuh

1341 Wie ist in Naturschutzgebieten ist die Jagdausübung geregelt?

- ❐ A sie ist generell verboten
- ❐ B sie ist auf Tierarten der „Roten Liste" verboten
- ❐ C die Jagdausübung unterliegt dem jeweiligen Schutzzweck

1342 Darf ein Revierinhaber, der ein ausgemähtes Fasanengelege hat ausbrüten lassen, zwecks Aufzucht der Küken Eier der Roten Waldameise sammeln und verfüttern?

- ❐ A ja
- ❐ B nein
- ❐ C

1343 Ein Revierinhaber findet in seinem Revier eine verendete Waldohreule und nimmt sie an sich. Darf er sie für private Zwecke präparieren lassen?

- ❐ A ja
- ❐ B nein
- ❐ C

1344 Welche wildwachsenden Pflanzenarten dürfen grundsätzlich nicht gepflückt werden?

- ❐ A Hahnenfuß
- ❐ B Seidelbast
- ❐ C Aurikel

1345 Welche der folgenden Vogelarten steht unter besonderem Artenschutz?

- ❐ A Haubentaucher
- ❐ B Zwergtaucher
- ❐ C Schwarzkopfmöwe

1346 Welche wildlebende Säugetierart gehören naturschutzrechtlich zu den besonders geschützten Arten?

- ❐ A Igel
- ❐ B Fledermaus
- ❐ C Biber

1347 Ein Spaziergänger lässt seinen Hund im Wald außerhalb der Wege frei laufen. Wie verhalten Sie sich als Jagdgast?

- ❐ A den Spaziergänger höflich auf sein Fehlverhalten hinweisen
- ❐ B den Hund erschießen
- ❐ C den Spaziergänger dem Jagdpächter melden

1348 Nach welchem Gesetz wird die Schweinepest bekämpft?

- ❐ A Tierschutzgesetz
- ❐ B Bundesartenschutzverordnung
- ❐ C Tiergesundheitsgesetz

1349 Durch welche Vorschriften werden die nicht jagdbaren wildlebenden Tierarten geschützt?

- ❐ A Bundesnaturschutzgesetz
- ❐ B Bundesartenschutzverordnung
- ❐ C Strafgesetzbuch

1350 Auf welche Innentemperatur muss nach der Fleischhygieneverordnung das zum Verkauf bestimmte Haarwild alsbald nach seiner Erlegung mindestens abgekühlt werden?

- ❐ A +7 Grad Celsius
- ❐ B +10 Grad Celsius
- ❐ C +13 Grad Celsius

1351 In welchem Dokument ist der Handel mit freilebenden Tieren und Pflanzen (auch Trophäen) geregelt?

- ❒ A im internationalen Zollgesetz
- ❒ B im Artenschutzgesetz der EU
- ❒ C im Washingtoner Artenschutzabkommen

1352 Sie schießen einen Rehbock mit einem offenen Knochenbruch, der mit der Erlegung nichts zu tun hat. Unterliegt dieser Rehbock der Fleischuntersuchung?

- ❒ A ja
- ❒ B nein
- ❒ C

1353 Wer erlässt die UVV Jagd?

- ❒ A Bundesgesundheitsministerium
- ❒ B Landesarbeitsministerium
- ❒ C Landwirtschaftliche Berufsgenossenschaft

1354 Welche Tierarten unterliegen der Artenschutzverordnung?

- ❒ A Luchs
- ❒ B Fischotter
- ❒ C Wildkatze

1355 Ist es ohne besondere Erlaubnis zulässig, ein Wildfreigehege oder eine Anlage zur Haltung von Greifvögeln oder Eulen einzurichten?

- ❒ A nein
- ❒ B ja
- ❒ C ja, aber nicht an jedem Ort

1356 In welcher gesetzlichen Vorschrift findet man, ob eine bestimmte Tierart geschützt ist?

- ❒ A Bundesartenschutzverordnung
- ❒ B Bundesnaturschutzgesetz
- ❒ C Bundesjagdgesetz

1357 In welcher Vorschrift ist das Halten von heimischen Greifen und Falken verbindlich geregelt?

- ❒ A in der Bundesnaturschutzverordnung
- ❒ B in der Bundesartenschutzverordnung
- ❒ C in der Bundeswildschutzverordnung

1358 Welche zwingende Vorschrift enthält die Unfallverhütungsvorschrift „Jagd" über das Schießen mit Kugeln oder Flintenlaufgeschossen in das Treiben hinein?

- ❒ A die Schützen dürfen in das Treiben nach eigenem Ermessen hineinschießen.
- ❒ B die Schützen dürfen nur in das Treiben hineinschießen, wenn der Jagdleiter dies ausnahmsweise genehmigt hat.
- ❒ C das Hineinschießen in das Treiben ist ausnahmslos verboten.

1359 Bei welcher Behörde ist ein Beizvogel anzumelden?

- ❒ A bei der oberen Landschaftsbehörde
- ❒ B bei der unteren Landschaftsbehörde
- ❒ C bei der unteren Jagdbehörde

1360 Nach welcher Rechtsgrundlage wird Wilderei bestraft?

- ❒ A nach dem Bürgerlichen Gesetzbuch
- ❒ B nach dem Bundesjagdgesetz
- ❒ C nach dem Strafgesetzbuch

1361 Was verstehen Sie unter schwerer Wilderei?

- ❐ A Wilderei zur Nachtzeit
- ❐ B Wilderei in der Schonzeit
- ❐ C Wilderei unter Anwendung von Schlingen

1362 Ein Spaziergänger nimmt ein vom Jagdausübungsberechtigten erlegtes Reh mit, das dieser kurzfristig liegen ließ. Welcher Rechtsverstoß liegt vor?

- ❐ A Jagdwilderei
- ❐ B Diebstahl
- ❐ C Fundunterschlagung

1363 Was ist nach den gesetzlichen Bestimmungen der Fleischhygiene unter „Erlegen" zu verstehen?

- ❐ A Das Töten von Wild nach jagdrechtlichen Vorschriften
- ❐ B Wildtötung durch Verkehrsunfall
- ❐ C Töten von Wild ausschließlich durch Kugel- oder Schrotschuss.

1364 Was zählt nach den Fleischhygienevorschriften als sog. „kleine Menge" bei der Vermarktung von Wildbret?

- ❐ A maximal vier Stücke einer Wildart
- ❐ B Die Strecke des Jagdtages
- ❐ C maximal ein Zehntel der üblichen Jahresstrecke im Revier

1365 Wie groß muss der Zwinger für einen mittelgroßen Jagdhund sein?

- ❐ A 12 qm
- ❐ B 2 qm
- ❐ C 9 qm

1366 Betreffen die Bestimmungen des Tierschutzgesetzes nur Tiere, die sich in menschlicher Obhut befinden (Haustiere)?

- ❐ A sowohl Haustiere als auch wildlebende Tiere
- ❐ B nur Haustiere
- ❐ C nur wildlebende Tiere

1367 Wer darf nach dem Tierschutzgesetz Wirbeltiere töten?

- ❐ A jedermann
- ❐ B wer die notwendigen Kenntnisse und Fähigkeiten besitzt
- ❐ C niemand

1368 Ist es zulässig, Jagdhunde zum Zwecke der Ausbildung auf Katzen zu hetzen?

- ❐ A nein, es widerspricht klar den tierschutzrechtlichen Vorschriften
- ❐ B ja, aber nur im eigenen Revier
- ❐ C ja, aber nur bei Anwesenheit eines Verbandsrichters zur Feststellung der Schärfe des Jagdhundes

1369 Welche Waldbereiche unterliegen nicht dem Betretungsrecht?

- ❐ A Forstkulturen
- ❐ B gesperrte Waldflächen
- ❐ C Fahren im Wald ohne Genehmigung

1370 Welche der nachstehend genannten Betätigungen gehören zu dem jedermann zustehenden Grundrecht des Betretens der freien Natur?

- ❐ A Skifahren
- ❐ B Aufstellen von Wohnwagen
- ❐ C Betreten von Waldbeständen zum Pilzesuchen

1371 Ein Waldbesucher betritt ohne besondere Befugnis eine Forstkultur. Darf der Jagdschutzberechtigte die Person auffordern, sich auszuweisen?

- ❐ A ja
- ❐ B nein, das wäre Aufgabe des Forstschutzes
- ❐ C

1372 Der Eigentümer eines in Ihrem Jagdrevier gelegenen Einödhofes bittet Sie, seinen an der Kette liegenden Hofhund zu erschießen, da er sein dauerndes Bellen nicht mehr ertragen kann. Was tun Sie?

- ❐ A den Hund im Hof mit der Pistole erschießen
- ❐ B den Hund mit ins Revier nehmen und ihn dort mit der Jagdwaffe erschießen
- ❐ C das Ansinnen zurückweisen

1373 Sind vollautomatische Waffen im Jagdbetrieb zugelassen?

- ❐ A ja, wenn es die zuständige Jagdbehörde genehmigt hat
- ❐ B nein, sie gehören in den militärischen Bereich.
- ❐ C ja, wenn es die zuständige Waffenbehörde genehmigt hat

1374 Kann ein Gastjäger seine Zweitwaffe bei Abwesenheit bedenkenlos in einer Jagdhütte deponieren?

- ❐ A nur, wenn ein sicheres Waffenbehältnis vorhanden ist
- ❐ B Jagdhütten sind zur Waffeneinlagerung immer geeignet
- ❐ C bei Gastjägern übernimmt der einladende Jagdbezirksinhaber die Haftung bei Verlust

1375 Beim Erwerb einer Selbstladebüchse (Magazinkapazität zwei Patronen) muss der Jäger folgendes Dokument vorlegen:

- ❐ A den Waffenschein
- ❐ B die Waffenbesitzkarte
- ❐ C den Jagdschein

1376 Innerhalb welcher Zeit muss man den Kauf einer Langwaffe bei der zuständigen Kreisbehörde anmelden?

- ❐ A innerhalb von zwei Wochen
- ❐ B innerhalb eines Monats
- ❐ C innerhalb von zwei Monaten

1377 Ein Jagdscheininhaber lässt sich durch die Ehefrau seine Repetierbüchse von der Wohnung in sein 30 km entferntes Jagdhaus bringen. Die Ehefrau transportiert die ungeladene Waffe dabei im Kofferraum ihres Pkw. Liegt bei dieser Handlungsweise ein Verstoß gegen das Waffengesetz vor?

- ❐ A nein, das darf sie.
- ❐ B ja
- ❐ C

1378 Sie fahren mit Ihrer Jagdwaffe zum Übungsschießen auf den wenige Kilometer entfernten Schießplatz. Wie darf die Jagdwaffe im Kraftfahrzeug transportiert werden?

- ❐ A entladen, offen auf der Rücksitzbank
- ❐ B unterladen, im abgeschlossenen Futteral
- ❐ C in einem verschlossenen Behältnis, entladen.

1379 Darf auf dem Schießstand Munition frei erworben werden?

- ❐ A ja, uneingeschränkt
- ❐ B ja, aber nur zum sofortigen Verbrauch auf der Schießstätte
- ❐ C nein

1380 Innerhalb welcher Frist muss der Jäger den Erwerb einer Kurzwaffe seiner zuständigen Behörde anzeigen?

- ❐ A zwei Wochen
- ❐ B vier Wochen
- ❐ C sechs Wochen

1381 Darf sich der Inhaber eines Jahresjagdscheins mit Kurzwaffenmunition von einem anderen Jagdscheininhaber aushelfen lassen?

- ❒ A ja, aber nur dann, wenn in seiner Waffenbesitzkarte eine entsprechende Erwerbsberechtigung eingetragen ist.
- ❒ B ja, ohne Vorbedingung in unbegrenzter Stückzahl
- ❒ C ja, aber er muss nachweisen, dass er die Munition für jagdliche Zwecke verwenden will.

1382 Kann der Jäger beim Waffenhändler durch Vorlage des Jahresjagdscheins Langwaffen zur Ansicht mitnehmen?

- ❒ A ja
- ❒ B nein
- ❒ C ja, aber nur in Verbindung mit der Waffenbesitzkarte

1383 Bei welcher Gefahrenlage sind nach der Unfallverhütungsvorschrift Jagd die Läufe der Schusswaffe zu entladen?

- ❒ A beim Besteigen eines Hochsitzes
- ❒ B beim Überwinden von Hindernissen
- ❒ C beim Pirschen im Hochgebirge

1384 Zur Beobachtung von Wild möchten Sie Nachtsichtgeräte mit elektronischen Restlichtverstärkern im Revier nutzen. Ist der Gebrauch von Nachtsichtgeräten ohne behördliche Genehmigung erlaubt?

- ❒ A ja
- ❒ B nein, zum Gebrauch ist eine behördliche Genehmigung erforderlich
- ❒ C ja, aber ausschließlich bei der Nachtjagd auf Schwarzwild

1385 Wie definieren Sie den Begriff „Langwaffe"?

- ❒ A Gesamtlänge über 1 m
- ❒ B Gesamtlänge über 80 cm
- ❒ C Gesamtlänge über 60 cm

1386 Darf ein Jagdscheininhaber nach der Jagd seine Kurzwaffe mit zum Schützenfest nehmen?

- ❒ A ja, er muss sie nur unauffällig tragen.
- ❒ B ja, er muss sich nur vorher eine Spezial-Waffenbesitzkarte ausstellen lassen.
- ❒ C nein

1387 Ist der Jagdscheininhaber berechtigt, einen Revolver bei Spaziergängen mit sich zu zu führen?

- ❒ A ja
- ❒ B nein
- ❒ C nur nachts

1388 Trotz vorschriftsmäßiger Verwahrung wurde Ihnen eine Ihrer Schusswaffen gestohlen. Wie verhalten Sie sich?

- ❒ A sofortige Anzeige bei der zuständigen Versicherung
- ❒ B Anzeige innerhalb einer Woche bei der zuständigen Behörde
- ❒ C eine Anzeige liegt im alleinigen Ermessen des Besitzers

1389 Innerhalb welcher Frist hat ein Jäger das Abhandenkommen seiner Jagdwaffe der zuständigen Behörde anzuzeigen?

- ❒ A innerhalb 1 Woche
- ❒ B innerhalb 2 Wochen
- ❒ C innerhalb 1 Monats

1390 Was sind blanke Waffen?

- ❒ A nicht brünierte Schusswaffen aus rostfreiem Stahl.
- ❒ B Büchsen ohne Visier
- ❒ C Stich- und Schneidewaffen, die zum Aufbrechen und Zerwirken von Wild benutzt werden.

1391 Wofür braucht man Faustfeuerwaffen?

- ❒ A Fallenjagd
- ❒ B Baujagd
- ❒ C Fangschuss

1392 Was verstehen Sie unter Kartuschenmunition?

- ❒ A hülsenlose Treibladungen
- ❒ B Hülsen mit Ladung, die ein Geschoss nicht enthalten
- ❒ C Patronen, die pyrotechnische Geschosse enthalten

1393 Wie unterscheidet man Lang- und Kurzwaffen?

- ❒ A Lang- und Kurzwaffen werden nach der Länge der Geschosse unterschieden
- ❒ B Langwaffen müssen mindestens 70 cm lange Laufe besitzen, ansonsten sind es Kurzwaffen
- ❒ C Langwaffen sind 60 cm und länger, Kurzwaffen sind weniger als 60 cm lang.

1394 Wann erwirbt man eine Jagdwaffe?

- ❒ A wenn man die tatsächliche Gewalt über sie erlangt
- ❒ B wenn man die tatsächliche Gewalt über sie außerhalb seines befriedeten Besitztums ausübt
- ❒ C wenn man sie bei einem Waffenhändler bestellt hat

1395 Was muss der Jäger befürchten, wenn er Waffen und Munition nicht sorgsam aufbewahrt?

- ❒ A die Jagdbehörde kann ihm den Bockabschuss sperren.
- ❒ B der Jagdschein wird ihm auf Lebenszeit entzogen.
- ❒ C er kann als „unzuverlässig" im waffen- und jagdrechtlichen Sinne erklart werden.

1396 Wo sind die Schlüssel für Waffenbehältnisse aufzubewahren?

- ❒ A dafür gibt es keine Vorschriften.
- ❒ B die Schlüssel sind so zu deponieren, dasst Diebstahl ausgeschlossen wird.
- ❒ C Waffenbehältnisschlüssel sind vor unbefugtem Zugriff sicher zu verwahren.

1397 Darf ein Jäger, der eine nicht beschossene Waffe hat, diese veräußern?

- ❒ A ja
- ❒ B nein
- ❒ C nur mit Ausnahmebewilligung der zuständigen Kreispolizeibehörde

1398 Darf ein Jagdscheininhaber die Reparatur am Laufbündel seiner Bockbüchsflinte (Löten der Laufschiene) selbst vornehmen?

- ❒ A nein
- ❒ B ja
- ❒ C ja, nach Absprache mit dem Büchsenmacher

1399 Wie viele Langwaffen darf ein Jagdscheininhaber erwerben?

- ❒ A eine Langwaffe
- ❒ B zwei Langwaffen
- ❒ C ohne Begrenzung

1400 Zu welchem im Bundesjagdgesetz vorgegebenen Termin eines Jahres müssen spätestens Wildschäden an forstwirtschaftlich genutzten Grundstücken angemeldet werden, um den Ersatz des Schadens erlangen zu können?

- ❒ A 1. Mai und 1. Oktober
- ❒ B mit Beginn des Jagdjahres zum 1. April
- ❒ C bis zum 31. Dezember

BLASE

Lösungen zu den Prüfungsfragen

Nr.	Antwort	Nr.	Antwort	Nr.	Antwort	Nr.	Antwort	Nr.	Antwort
1.	A	41.	A B C	81.	C	121.	A	161.	C
2.	B	42.	C	82.	A	122.	B	162.	A B C
3.	C	43.	C	83.	C	123.	B	163.	A C
4.	A B C	44.	C	84.	B C	124.	C	164.	B C
5.	A B C	45.	C	85.	B	125.	B	165.	A C
6.	B	46.	C	86.	C	126.	C	166.	A
7.	A B	47.	A	87.	B	127.	A	167.	B
8.	B	48.	A	88.	C	128.	C	168.	A
9.	A	49.	A	89.	B	129.	A	169.	B
10.	B C	50.	A	90.	C	130.	A C	170.	A
11.	A	51.	B	91.	B	131.	A	171.	B
12.	B	52.	B	92.	B	132.	A B	172.	B
13.	B	53.	C	93.	A	133.	A	173.	B
14.	C	54.	C	94.	B	134.	C	174.	C
15.	A	55.	C	95.	A	135.	A C	175.	B
16.	A	56.	B	96.	B	136.	C	176.	B
17.	A B C	57.	A	97.	A	137.	A	177.	C
18.	A	58.	A	98.	A	138.	A B C	178.	B
19.	B	59.	A	99.	C	139.	A C	179.	B
20.	B	60.	B	100.	B	140.	B	180.	A
21.	B	61.	A	101.	A B	141.	B	181.	C
22.	C	62.	A	102.	C	142.	B	182.	C
23.	C	63.	C	103.	B	143.	C	183.	A
24.	C	64.	A	104.	B	144.	A	184.	A
25.	A C	65.	C	105.	A	145.	C	185.	B
26.	A B	66.	A	106.	A	146.	B	186.	A
27.	A C	67.	B C	107.	A	147.	B	187.	A
28.	C	68.	B C	108.	A	148.	A B C	188.	A
29.	A B C	69.	A	109.	B	149.	C	189.	B
30.	A C	70.	C	110.	A B	150.	A	190.	A
31.	A	71.	B	111.	A	151.	A	191.	A
32.	C	72.	C	112.	A	152.	B	192.	B
33.	A B C	73.	C	113.	A	153.	A	193.	C
34.	A	74.	A C	114.	C	154.	A B C	194.	A
35.	A	75.	A C	115.	C	155.	B	195.	C
36.	A	76.	C	116.	A	156.	B	196.	C
37.	C	77.	A B C	117.	B	157.	A	197.	B
38.	C	78.	A	118.	C	158.	B	198.	B
39.	C	79.	A	119.	A B	159.	B	199.	A
40.	A	80.	A	120.	B	160.	A B	200.	A

Nr.	Antwort	Nr.	Antwort	Nr.	Antwort	Nr.	Antwort	Nr.	Antwort
201.	C	241.	B	281.	B	321.	A C	361.	A
202.	A	242.	B C	282.	B	322.	B	362.	B
203.	A	243.	B	283.	B	323.	B	363.	C
204.	A	244.	C	284.	B	324.	B	364.	C
205.	B	245.	A	285.	C	325.	A	365.	B
206.	A	246.	C	286.	B	326.	C	366.	B
207.	B	247.	C	287.	C	327.	C	367.	C
208.	C	248.	C	288.	B	328.	B	368.	C
209.	B	249.	A	289.	C	329.	C	369.	C
210.	B	250.	B	290.	A	330.	B	370.	B
211.	B	251.	B	291.	C	331.	A	371.	A
212.	A	252.	A	292.	B	332.	C	372.	A
213.	C	253.	B	293.	C	333.	A	373.	B
214.	A	254.	A	294.	B	334.	B	374.	A
215.	A	255.	A	295.	B	335.	C	375.	A
216.	C	256.	B	296.	C	336.	B	376.	C
217.	B	257.	A	297.	B C	337.	B	377.	B
218.	A B	258.	A	298.	B	338.	C	378.	C
219.	A C	259.	B	299.	B	339.	B	379.	C
220.	C	260.	B C	300.	C	340.	C	380.	B
221.	B	261.	A B C	301.	C	341.	A B C	381.	A
222.	A	262.	A	302.	B	342.	C	382.	B
223.	C	263.	A B	303.	C	343.	C	383.	A
224.	A	264.	B C	304.	B	344.	A	384.	A
225.	A	265.	B C	305.	B	345.	B	385.	C
226.	B	266.	B C	306.	B C	346.	B	386.	A
227.	A	267.	C	307.	A B	347.	C	387.	B
228.	B	268.	C	308.	A	348.	A	388.	A
229.	C	269.	B	309.	B	349.	A	389.	A
230.	C	270.	B	310.	C	350.	B	390.	A C
231.	C	271.	A	311.	A	351.	C	391.	B
232.	B	272.	A B C	312.	B	352.	B	392.	C
233.	C	273.	B	313.	B	353.	B	393.	B
234.	B	274.	C	314.	A	354.	A	394.	B
235.	A	275.	B	315.	C	355.	B	395.	A
236.	B	276.	A	316.	C	356.	A	396.	C
237.	C	277.	C	317.	A	357.	B	397.	C
238.	C	278.	B	318.	A	358.	A B C	398.	B
239.	C	279.	C	319.	B	359.	C	399.	A
240.	B	280.	C	320.	A	360.	C	400.	A

Nr.	Antwort	Nr.	Antwort	Nr.	Antwort	Nr.	Antwort	Nr.	Antwort
401.	A	441.	B	481.	C	521.	C	561.	B
402.	C	442.	B	482.	B	522.	B	562.	B
403.	B C	443.	A B C	483.	B	523.	B	563.	A
404.	C	444.	B	484.	A	524.	A	564.	C
405.	B	445.	B	485.	A	525.	A	565.	A C
406.	C	446.	A	486.	C	526.	A	566.	B
407.	B	447.	A	487.	C	527.	A	567.	C
408.	B	448.	A	488.	B	528.	A	568.	C
409.	A	449.	A	489.	A	529.	A	569.	B
410.	A	450.	B	490.	A B	530.	C	570.	C
411.	B	451.	C	491.	C	531.	A	571.	B
412.	B C	452.	A	492.	A B C	532.	C	572.	C
413.	C	453.	C	493.	B	533.	B	573.	C
414.	A B	454.	C	494.	A	534.	A	574.	B
415.	C	455.	B	495.	A	535.	A	575.	C
416.	C	456.	B	496.	A	536.	B	576.	C
417.	A	457.	C	497.	B	537.	A	577.	A
418.	B	458.	C	498.	A	538.	C	578.	B
419.	A	459.	B	499.	A	539.	B	579.	A
420.	A C	460.	B	500.	C	540.	B	580.	B
421.	B	461.	A	501.	C	541.	A	581.	A
422.	C	462.	A	502.	C	542.	B	582.	B
423.	B	463.	C	503.	C	543.	A C	583.	A
424.	C	464.	A	504.	B	544.	A B	584.	C
425.	B	465.	A	505.	B	545.	A	585.	C
426.	C	466.	B	506.	B	546.	C	586.	A
427.	B	467.	B	507.	A B	547.	A	587.	B
428.	B	468.	A	508.	B	548.	A	588.	B
429.	B	469.	C	509.	B	549.	A C	589.	C
430.	A	470.	A	510.	C	550.	C	590.	C
431.	A	471.	B	511.	C	551.	A	591.	B
432.	A	472.	A	512.	C	552.	A	592.	B
433.	B	473.	B	513.	A	553.	A	593.	B
434.	B	474.	B	514.	C	554.	B	594.	B
435.	C	475.	C	515.	A	555.	A	595.	A
436.	A	476.	B	516.	C	556.	A B C	596.	A B C
437.	B	477.	A	517.	B	557.	B	597.	C
438.	C	478.	B	518.	B	558.	C	598.	C
439.	B	479.	C	519.	C	559.	C	599.	B
440.	C	480.	C	520.	B	560.	C	600.	B

Nr.	Antwort	Nr.	Antwort	Nr.	Antwort	Nr.	Antwort	Nr.	Antwort
601.	B	641.	B	681.	A	721.	B	761.	B
602.	C	642.	C	682.	B	722.	B	762.	B
603.	B	643.	B	683.	C	723.	C	763.	B
604.	C	644.	B	684.	A	724.	C	764.	C
605.	A	645.	B	685.	C	725.	A	765.	B
606.	B	646.	B	686.	B	726.	C	766.	B C
607.	B	647.	A	687.	B	727.	C	767.	A
608.	B	648.	B	688.	A B	728.	B	768.	B C
609.	A B C	649.	B	689.	A	729.	A	769.	B
610.	C	650.	B	690.	B	730.	A	770.	A
611.	A B	651.	B	691.	C	731.	C	771.	A
612.	C	652.	A	692.	A B	732.	C	772.	B C
613.	A	653.	C	693.	C	733.	A	773.	A
614.	A	654.	B	694.	C	734.	A	774.	B
615.	A	655.	C	695.	C	735.	C	775.	A C
616.	B	656.	B	696.	A	736.	A	776.	C
617.	B	657.	C	697.	B	737.	A B C	777.	C
618.	B	658.	A	698.	A	738.	A	778.	A
619.	A C	659.	C	699.	B	739.	A B C	779.	C
620.	B	660.	C	700.	A	740.	A B C	780.	B C
621.	A	661.	B	701.	B	741.	A	781.	B C
622.	A	662.	A	702.	B	742.	B	782.	A
623.	B	663.	C	703.	C	743.	A B C	783.	B
624.	C	664.	B	704.	B	744.	A	784.	C
625.	B	665.	A	705.	C	745.	C	785.	C
626.	C	666.	C	706.	B	746.	C	786.	A B C
627.	C	667.	C	707.	A	747.	A	787.	B C
628.	B	668.	C	708.	A	748.	B	788.	B
629.	C	669.	C	709.	B	749.	C	789.	A C
630.	B	670.	A	710.	B	750.	B	790.	B
631.	C	671.	B	711.	A	751.	B	791.	A B C
632.	C	672.	C	712.	B	752.	C	792.	A
633.	C	673.	A	713.	B	753.	B	793.	A
634.	C	674.	C	714.	A	754.	A	794.	C
635.	C	675.	B	715.	A	755.	A	795.	B
636.	C	676.	B	716.	C	756.	A	796.	A
637.	B	677.	B	717.	C	757.	C	797.	B
638.	C	678.	B	718.	C	758.	B	798.	A
639.	B	679.	B	719.	C	759.	A	799.	A C
640.	A B	680.	A	720.	A	760.	A	800.	C

Nr.	Antwort	Nr.	Antwort	Nr.	Antwort	Nr.	Antwort	Nr.	Antwort
801.	B	841.	A	881.	C	921.	C	961.	B
802.	B C	842.	B	882.	B	922.	A	962.	C
803.	ABC	843.	A	883.	A	923.	A B C	963.	A
804.	B	844.	B	884.	B	924.	A	964.	C
805.	B	845.	B	885.	B	925.	B	965.	B
806.	C	846.	B	886.	A	926.	A	966.	C
807.	B	847.	A	887.	A	927.	B	967.	A B C
808.	B	848.	C	888.	A B C	928.	A	968.	B
809.	A C	849.	A	889.	A	929.	B	969.	B
810.	C	850.	B	890.	A	930.	B C	970.	A
811.	B	851.	A	891.	B	931.	B	971.	C
812.	A	852.	B	892.	A	932.	C	972.	C
813.	C	853.	B	893.	A	933.	A	973.	B
814.	B	854.	B	894.	A	934.	C	974.	B
815.	C	855.	B	895.	A B	935.	C	975.	B
816.	A C	856.	B	896.	B	936.	A	976.	B
817.	A	857.	B	897.	A	937.	B	977.	B
818.	C	858.	A C	898.	C	938.	B	978.	A B C
819.	C	859.	A	899.	C	939.	A	979.	B
820.	C	860.	B	900.	C	940.	C	980.	C
821.	A	861.	A	901.	A	941.	A	981.	B
822.	C	862.	B	902.	C	942.	A	982.	B
823.	B	863.	B	903.	B	943.	B	983.	A C
824.	C	864.	B	904.	A	944.	C	984.	A
825.	C	865.	A	905.	B	945.	A	985.	A B C
826.	C	866.	B	906.	A	946.	A	986.	A B
827.	A B C	867.	A	907.	A	947.	C	987.	C
828.	A	868.	A	908.	A B C	948.	A	988.	B
829.	A	869.	A	909.	A	949.	B	989.	A
830.	B	870.	A	910.	A	950.	C	990.	A
831.	A	871.	B	911.	B	951.	B	991.	B C
832.	A	872.	A	912.	C	952.	C	992.	A
833.	B	873.	B	913.	A	953.	B C	993.	C
834.	B	874.	B	914.	A B	954.	A	994.	B
835.	C	875.	C	915.	B	955.	B	995.	A C
836.	C	876.	A C	916.	A C	956.	B	996.	C
837.	B	877.	A	917.	A B	957.	A C	997.	A
838.	C	878.	A	918.	C	958.	B	998.	C
839.	A	879.	B	919.	C	959.	A	999.	C
840.	B	880.	C	920.	B	960.	A	1000.	A

Nr.	Antwort	Nr.	Antwort	Nr.	Antwort	Nr.	Antwort	Nr.	Antwort
1001.	A	1041.	C	1081.	C	1121.	C	1161.	C
1002.	A B	1042.	B	1082.	A	1122.	A	1162.	B
1003.	B	1043.	C	1083.	A	1123.	A B C	1163.	B
1004.	A	1044.	C	1084.	C	1124.	A	1164.	B C
1005.	B	1045.	A B C	1085.	B	1125.	C	1165.	B C
1006.	B	1046.	C	1086.	C	1126.	A	1166.	A
1007.	C	1047.	B C	1087.	B	1127.	A	1167.	C
1008.	A	1048.	A	1088.	B	1128.	B	1168.	C
1009.	C	1049.	A	1089.	C	1129.	A	1169.	B C
1010.	B	1050.	C	1090.	A B C	1130.	A	1170.	A B
1011.	A	1051.	C	1091.	B	1131.	B	1171.	A C
1012.	A	1052.	C	1092.	B C	1132.	B C	1172.	B
1013.	C	1053.	A B C	1093.	B	1133.	B C	1173.	B C
1014.	A	1054.	B	1094.	A	1134.	A	1174.	A C
1015.	B	1055.	A B C	1095.	C	1135.	B	1175.	C
1016.	B	1056.	A	1096.	B	1136.	C	1176.	B
1017.	A	1057.	A	1097.	A B C	1137.	A B C	1177.	A B C
1018.	B	1058.	C	1098.	A B C	1138.	C	1178.	C
1019.	A	1059.	A	1099.	A	1139.	C	1179.	A
1020.	C	1060.	A B C	1100.	B	1140.	A C	1180.	B
1021.	A	1061.	A	1101.	B C	1141.	C	1181.	A B C
1022.	C	1062.	B C	1102.	B	1142.	B	1182.	A B C
1023.	B	1063.	A	1103.	B	1143.	C	1183.	B C
1024.	B	1064.	C	1104.	C	1144.	A C	1184.	A B C
1025.	B	1065.	A C	1105.	A	1145.	A	1185.	B
1026.	A	1066.	B	1106.	B	1146.	C	1186.	C
1027.	A	1067.	C	1107.	A	1147.	A	1187.	C
1028.	A	1068.	A	1108.	B C	1148.	A	1188.	C
1029.	A	1069.	C	1109.	C	1149.	C	1189.	A B
1030.	B	1070.	B	1110.	A	1150.	B	1190.	B
1031.	C	1071.	A	1111.	C	1151.	B	1191.	C
1032.	B	1072.	A B	1112.	C	1152.	B	1192.	C
1033.	A	1073.	C	1113.	A C	1153.	B	1193.	C
1034.	C	1074.	A	1114.	B	1154.	B	1194.	A
1035.	C	1075.	C	1115.	C	1155.	B	1195.	A B C
1036.	A C	1076.	C	1116.	A B C	1156.	B	1196.	A B
1037.	B	1077.	A	1117.	A B	1157.	A	1197.	C
1038.	B	1078.	C	1118.	A C	1158.	C	1198.	A
1039.	B	1079.	C	1119.	A B C	1159.	A	1199.	A
1040.	B	1080.	A	1120.	A B	1160.	C	1200.	C

Nr.	Antwort	Nr.	Antwort	Nr.	Antwort	Nr.	Antwort	Nr.	Antwort
1201.	B	1241.	B C	1281.	B	1321.	C	1361.	A B C
1202.	A B	1242.	C	1282.	B	1322.	A	1362.	B
1203.	B	1243.	B	1283.	A B C	1323.	B	1363.	A
1204.	A	1244.	C	1284.	C	1324.	C	1364.	B
1205.	B	1245.	C	1285.	A	1325.	A B C	1365.	C
1206.	B	1246.	A B C	1286.	A B C	1326.	A	1366.	A
1207.	A	1247.	B	1287.	C	1327.	B	1367.	B
1208.	C	1248.	B	1288.	A	1328.	C	1368.	A
1209.	A	1249.	A	1289.	C	1329.	B	1369.	A B C
1210.	A	1250.	C	1290.	A	1330.	C	1370.	A C
1211.	A	1251.	B	1291.	A	1331.	A	1371.	B
1212.	A	1252.	B C	1292.	A	1332.	B	1372.	C
1213.	A	1253.	A B C	1293.	B	1333.	B	1373.	B
1214.	A	1254.	A B	1294.	B	1334.	B	1374.	A
1215.	B	1255.	C	1295.	A	1335.	B	1375.	C
1216.	B	1256.	B	1296.	C	1336.	A	1376.	A
1217.	C	1257.	C	1297.	A	1337.	A	1377.	B
1218.	C	1258.	C	1298.	B	1338.	C	1378.	C
1219.	B	1259.	A	1299.	A	1339.	A	1379.	B
1220.	B	1260.	A	1300.	C	1340.	A B C	1380.	A
1221.	C	1261.	B	1301.	C	1341.	C	1381.	A
1222.	B	1262.	C	1302.	A	1342.	B	1382.	A
1223.	A	1263.	C	1303.	A	1343.	B	1383.	A B
1224.	A	1264.	B	1304.	B	1344.	B C	1384.	A
1225.	B	1265.	A	1305.	B	1345.	B	1385.	C
1226.	A	1266.	C	1306.	C	1346.	A B C	1386.	C
1227.	B C	1267.	C	1307.	B	1347.	A	1387.	B
1228.	B	1268.	B	1308.	A	1348.	C	1388.	B
1229.	B	1269.	B	1309.	C	1349.	A B	1389.	A
1230.	B C	1270.	B	1310.	A C	1350.	A	1390.	C
1231.	C	1271.	C	1311.	C	1351.	C	1391.	A B C
1232.	B	1272.	B	1312.	C	1352.	A	1392.	B
1233.	A	1273.	A	1313.	C	1353.	C	1393.	C
1234.	A	1274.	C	1314.	A	1354.	A B C	1394.	A
1235.	B	1275.	A B	1315.	C	1355.	A	1395.	C
1236.	B	1276.	B	1316.	B	1356.	A	1396.	C
1237.	A	1277.	B C	1317.	B C	1357.	C	1397.	B
1238.	C	1278.	A	1318.	C	1358.	B	1398.	A
1239.	B	1279.	A	1319.	A	1359.	C	1399.	C
1240.	A	1280.	A	1320.	A	1360.	C	1400.	A

Nr.	Antwort	Nr.	Antwort	Nr.	Antwort	Nr.	Antwort	Nr.	Antwort
1001.	A	1041.	C	1081.	C	1121.	C	1161.	C
1002.	A B	1042.	B	1082.	A	1122.	A	1162.	B
1003.	B	1043.	C	1083.	A	1123.	A B C	1163.	B
1004.	A	1044.	C	1084.	C	1124.	A	1164.	B C
1005.	B	1045.	A B C	1085.	B	1125.	C	1165.	B C
1006.	B	1046.	C	1086.	C	1126.	A	1166.	A
1007.	C	1047.	B C	1087.	B	1127.	A	1167.	C
1008.	A	1048.	A	1088.	B	1128.	B	1168.	C
1009.	C	1049.	A	1089.	C	1129.	A	1169.	B C
1010.	B	1050.	C	1090.	A B C	1130.	A	1170.	A B
1011.	A	1051.	C	1091.	B	1131.	B	1171.	A C
1012.	A	1052.	C	1092.	B C	1132.	B C	1172.	B
1013.	C	1053.	A B C	1093.	B	1133.	B C	1173.	B C
1014.	A	1054.	B	1094.	A	1134.	A	1174.	A C
1015.	B	1055.	A B C	1095.	C	1135.	B	1175.	C
1016.	B	1056.	A	1096.	B	1136.	C	1176.	B
1017.	A	1057.	A	1097.	A B C	1137.	A B C	1177.	A B C
1018.	B	1058.	C	1098.	A B C	1138.	C	1178.	C
1019.	A	1059.	A	1099.	A	1139.	C	1179.	A
1020.	C	1060.	A B C	1100.	B	1140.	A C	1180.	B
1021.	A	1061.	A	1101.	B C	1141.	C	1181.	A B C
1022.	C	1062.	B C	1102.	B	1142.	B	1182.	A B C
1023.	B	1063.	A	1103.	B	1143.	C	1183.	B C
1024.	B	1064.	C	1104.	C	1144.	A C	1184.	A B C
1025.	B	1065.	A C	1105.	A	1145.	A	1185.	B
1026.	A	1066.	B	1106.	B	1146.	C	1186.	C
1027.	A	1067.	C	1107.	A	1147.	A	1187.	C
1028.	A	1068.	A	1108.	B C	1148.	A	1188.	C
1029.	A	1069.	C	1109.	C	1149.	C	1189.	A B
1030.	B	1070.	B	1110.	A	1150.	B	1190.	B
1031.	C	1071.	A	1111.	C	1151.	B	1191.	C
1032.	B	1072.	A B	1112.	C	1152.	B	1192.	C
1033.	A	1073.	C	1113.	A C	1153.	B	1193.	C
1034.	C	1074.	A	1114.	B	1154.	B	1194.	A
1035.	C	1075.	C	1115.	C	1155.	B	1195.	A B C
1036.	A C	1076.	C	1116.	A B C	1156.	B	1196.	A B
1037.	B	1077.	A	1117.	A B	1157.	A	1197.	C
1038.	B	1078.	C	1118.	A C	1158.	C	1198.	A
1039.	B	1079.	C	1119.	A B C	1159.	A	1199.	A
1040.	B	1080.	A	1120.	A B	1160.	C	1200.	C

Nr.	Antwort	Nr.	Antwort	Nr.	Antwort	Nr.	Antwort	Nr.	Antwort
1201.	B	1241.	B C	1281.	B	1321.	C	1361.	A B C
1202.	A B	1242.	C	1282.	B	1322.	A	1362.	B
1203.	B	1243.	B	1283.	A B C	1323.	B	1363.	A
1204.	A	1244.	C	1284.	C	1324.	C	1364.	B
1205.	B	1245.	C	1285.	A	1325.	A B C	1365.	C
1206.	B	1246.	A B C	1286.	A B C	1326.	A	1366.	A
1207.	A	1247.	B	1287.	C	1327.	B	1367.	B
1208.	C	1248.	B	1288.	A	1328.	C	1368.	A
1209.	A	1249.	A	1289.	C	1329.	B	1369.	A B C
1210.	A	1250.	C	1290.	A	1330.	C	1370.	A C
1211.	A	1251.	B	1291.	A	1331.	A	1371.	B
1212.	A	1252.	B C	1292.	A	1332.	B	1372.	C
1213.	A	1253.	A B C	1293.	B	1333.	B	1373.	B
1214.	A	1254.	A B	1294.	B	1334.	B	1374.	A
1215.	B	1255.	C	1295.	A	1335.	B	1375.	C
1216.	B	1256.	B	1296.	C	1336.	A	1376.	A
1217.	C	1257.	C	1297.	A	1337.	A	1377.	B
1218.	C	1258.	C	1298.	B	1338.	C	1378.	C
1219.	B	1259.	A	1299.	A	1339.	A	1379.	B
1220.	B	1260.	A	1300.	C	1340.	A B C	1380.	A
1221.	C	1261.	B	1301.	C	1341.	C	1381.	A
1222.	B	1262.	C	1302.	A	1342.	B	1382.	A
1223.	A	1263.	C	1303.	A	1343.	B	1383.	A B
1224.	A	1264.	B	1304.	B	1344.	B C	1384.	A
1225.	B	1265.	A	1305.	B	1345.	B	1385.	C
1226.	A	1266.	C	1306.	C	1346.	A B C	1386.	C
1227.	B C	1267.	C	1307.	B	1347.	A	1387.	B
1228.	B	1268.	B	1308.	A	1348.	C	1388.	B
1229.	B	1269.	B	1309.	C	1349.	A B	1389.	A
1230.	B C	1270.	B	1310.	A C	1350.	A	1390.	C
1231.	C	1271.	C	1311.	C	1351.	C	1391.	A B C
1232.	B	1272.	B	1312.	C	1352.	A	1392.	B
1233.	A	1273.	A	1313.	C	1353.	C	1393.	C
1234.	A	1274.	C	1314.	A	1354.	A B C	1394.	A
1235.	B	1275.	A B	1315.	C	1355.	A	1395.	C
1236.	B	1276.	B	1316.	B	1356.	A	1396.	C
1237.	A	1277.	B C	1317.	B C	1357.	C	1397.	B
1238.	C	1278.	A	1318.	C	1358.	B	1398.	A
1239.	B	1279.	A	1319.	A	1359.	C	1399.	C
1240.	A	1280.	A	1320.	A	1360.	C	1400.	A